명품 한우 만들기

이규천 지음

이규천 대표

충북 충주 출생 ·

충주 실업고등학교 농업과 졸업 ·

안성농업전문대학(現 한경대학교) 농학과 졸업 ·

한국 TMR 발효사료 연구회 회원 ·

한국 종축개량협회 한우 능력평가 대회 추진위원 ·

한국 종축개량협회 대의원 ·

한국 종축개량협회 이사(현재) ·

울산광역시 새농민회 직할 회장 ·

울산광역시 새농민회 수석 부회장 ·

한국 축산학회 회원 ·

진정한 한우인

세상은 노력하는 자를
결코 외면하지 않고,
진정한 농사꾼은 땅을 보며 농사짓지
하늘을 보며 농사를 짓지 않으며,
진정한 한우인은
한우만 보며 사육할 뿐,
황금을 보며 사육하지 않는다.

- 울산 '태화한우농장' 이규천 -

| 순서 |

| 들어가면서 |

소는 어떤 존재인가?

소는 인류가 가장 먼저 길들인 가축 중에 하나로, 약 10,500년 전 중동 지역에서 시작된 가축화 과정을 통해 인간과 함께 살아가기 시작했습니다. 오늘날 우리가 알고 있는 소의 조상은 멸종된 야생종인 오록스(Bos primigenius)입니다.

이후 인도 인더스 계곡에서는 약 7,000년 전 Bos indicus(혹 있는 제부소)가 별도로 가축화되었고, 아프리카에서도 독자적인 가축화가 이루어졌을 가능성이 제기되고 있습니다.

소는 인간에게 매우 다양한 방식으로 활용되었습니다. 초기에는 농경사회에서 쟁기질이나 운반용으로 쓰였으며, 고기와 우유를 제공하는 식량자원이자, 의식이나 제례에서 희생 제물로도 사용되었습니다. 이러한 실용적 가치와 상징적 의미 덕분에, 소는 인류의 문화와 경제에 깊이 뿌리내

리게 된것입니다.

우리나라에는 약 1,800~2,000년 전에 중국을 통해 소가 전파된 것으로 추정되며, 오늘날의 한우는 예전에는 농사에 활용되는 역용종(役用種)이었으나 현대에는 육질이 우수한 육용종(肉用種)으로 개량되었습니다. 한우는 적갈색 털과 온순한 성격을 지니고 있으며 인내심이 강한 특징을 보여줍니다.

'소'라는 단어의 어원을 살펴보면 우리말 '소'는 《계림유사》와 《훈민정음 해례》 같은 고문헌에 기록되어 있으며, 처음에는 '쇼'라는 음가로 사용되다가 현대의 '소'로 자리잡게 되었습니다.

영어에서 'cattle'은 원래 라틴어 caput(머리, 재산)을 어원으로 가지며, 단수형으로는 ox, 암컷은 cow, 수컷은 bull이라 부릅니다. 일본어에서는 '우시(ウシ)'라고 하며, 동북 지역에서는 소의 울음소리에서 유래된 '베코(べこ)'라는 방언도 존재합니다.

현대의 소는 크게 Bos taurus(유럽형), Bos indicus(인도형), Bos africanus(아프리카형)로 분류되며, 이들 품종은 지역마다 유전적으로 교배되어 다양한 특성과 기능을 갖춘 품종들이 탄생하게 된것입니다. 이렇게 오랜 시간 동안 인간과 함께하면서, 소는 단순한 가축을 넘어서 인류 문명의 동반자로 자리잡게 된 것입니다.

한우는 단순히 육류 공급원 이상의 가치를 지닌 존재로, 오랜 세월 한국인의 삶과 함께해온 상징적인 가축입니다. 한우의 기원은 기원전 2000년

경으로 거슬러 올라가며, 당시 농경과 운반을 위해 한반도에서 사육되던 재래종 소가 한우의 시초로 여겨집니다.

삼국시대에는 제례용으로 사용되었고, 고구려는 소의 도살을 금지하는 법률을 통해 소를 보호하려 했을 만큼 중요한 가축으로 여겨졌습니다. 이후 조선시대에 들어서는 양우법이 편찬되고, 수원 지역에 농업기술의 시험,조사 및 지도를 위한 권업모범장(勸業模範場)이 설치되면서 본격적인 품종 개량이 이뤄졌으며, 현대에 이르러서는 한우의 육질 개선이 집중적으로 이루어지면서 고급 식재료로서 입지를 다지게 되었습니다.

한우의 가장 두드러진 특징 중 하나는 그 풍부한 마블링이라 할수있습니다. 고기에 지방이 고르게 분포되어 있어 부드럽고 고소한 맛을 내며, 이는 한우의 육질을 돋보이게 하는 주요 요소인것입니다.

살코기는 진하며 육즙이 풍부하고, 결이 곱고 부드러운 점도 한우 고기의 매력 중 하나입니다. 특히 올레인산과 같은 불포화지방산의 함량이 높아 건강적인 측면에서도 긍정적인 평가를 받고 있으며, 철분, 아연, 비타민 B군 등 다양한 영양소가 풍부하게 들어 있어 영양 면에서도 우수하다고 할수있습니다.

품종 측면에서 보면 한우는 적갈색 털을 가진 일반한우(일명 누렁소)가

가장 널리 퍼져 있으며, 이외에도 얼룩무늬가 특징인 칡소, 검은 털을 가진 흑한우, 그리고 드물게 보이는 백한우(하얀 털의 품종) 등이 있습니다. 각각의 품종은 지역적 특성과 유전적 변이에 따라 분화되었으며, 외형뿐만 아니라 성격과 육질에서도 차이를 보입니다.

한우는 또한 사육 환경에 따라 품질이 크게 좌우되는데, 스트레스를 최소화하는 자연 친화적 환경에서 사육되는 것이 이상적이며, 위생적이고 고급 사료를 사용하는 것이 육질 향상에 직접적인 영향을 미치게됩니다.

우리나라에서는 육질, 색, 지방 분포 등을 기준으로 한우 고기의 등급을 나누는 제도를 운영하고 있으며, 소비자들은 이를 통해 보다 높은 품질의 한우를 선택할 수 있게 됩니다.

요리로 활용되는 면에서도 한우는 매우 다양하고 풍성한 식재료입니다. 대표적인 요리로는 불고기, 갈비찜, 스테이크 등이 있으며, 이외에도 타코나 버거 같은 퓨전 요리에도 종종 활용되고 있습니다. 이처럼 한우는 식문화에서도 고급스러움과 풍미를 더하는 존재로 자리매김하고 있으며, 명절이나 기념일 선물용으로도 인기가 많습니다.

결국 한우는 한국인의 삶 속에 깊이 스며들어 있는 존재로, 단순한 육류를 넘어 전통, 문화, 건강을 함께 아우르는 상징적인 가축이라고 할 수 있습니다.

그동안 소와함께 생활하다 보니, 춘원 이광수 선생의 '우덕송(牛德頌)'이 깊게 마음에 와 닿게됩니다.

"소는 어떠한가. 그는 말의 못 믿음성도 없고, 여우의 간교함, 사자의 교만함, 호랑이의 엉큼스럼, 곰의 듬직하기는 하지만 무지한 것, 코끼리의 추하고 능글능글함, 기린의 오입쟁이 같음, 하마의 못생기고 제 몸 잘못

거둠, 이런 것이 다 없고, 어디로 보더라도 덕성스럽고 복성스럽다.

'음메'하고 송아지를 부르는 모양도 좋고, 우두커니 서서 시름없이 꼬리를 휘휘 둘러 '파리야 날라가거라, 내 꼬리에 맞아 죽지는 말아라.' 하는 모양도 인자하고, 외양간 홀로 누워서 밤새도록 슬금슬금 새김질 하는 양은 성인이 천하사를 근심하는 듯하여 좋고...

그가 한 번 성을 낼 때에 '으잉'소리를 지르며, 눈을 부릅뜨고, 뿔이 부러지는지 머리가 바수어지는지 모르는 양은 영웅이 천하를 위하여 대로하는 듯하여 좋고, 풀밭 나무 그늘에 등을 구부리고 누워서 한가히 낮잠을 자는 양은 천하를 다스리기에 피곤한 대인이 쉬는 것 같아서 좋고..."

태화한우농장의 여정

저는 충주, 수안보에서 한참을 들어가야하는 가난한 농가에서 자라났습니다. 어린시절 옆집에서 2~3마리의 한우를 사육하는 것을 보고,'전국 최고의 한우인'이 되고자하는 꿈을 가지게되었습니다. 그꿈을 이루기위해 1992년 다니던 직장생활을 정리한후, 모아둔 돈을 모두 투자하여 한우사육을 시작한후, 30여년간 오직 '소'하나만을 보면서 끊임없이 연구하며 노력하였습니다.

이러한 과정에서 크게 깨닫게 된것은, 한우는 한국인의 밥상을 너머, 문화와 정서, 삶의 철학을 담은 상징적 존재라는 사실입니다.

수천 년전 농경 중심 사회에서 소는 인간의 삶을 함께한 동반자였습니다. 특히 한반도에서 자라온 한우는 한반도의 풍토에 맞게 고유한 품종으로 자리 잡으며, 우리의 생업이었던 농업과 고유한 식문화와 결합해 독보적인 위치를 차지하게 된것입니다.

이책자, '명품한우 만들기'에는 그 '명품'이라는 이름에 걸맞은 한우를 만들기 위한 기초와 철학, 기술과 사육자의 마음을 담고자 합니다.

어떤 사료가 좋은지,
소가 사람들과 친해지기 위한 냄새 저감방법은 무엇인지,
육질을 좌우하는 사양관리는 어떻게 할것인지,
그리고 한우산업의 발전방향은 무엇인지 등등...

열악한 환경 속에서도 끊임없이 도전하고, 노력하는 축산인으로써 축산업및 한우산업 발전을 위해 달려오면서, 저는 다양한 신기술을 개발, 접목하며 한우를 사육하여 왔습니다.

저희농장은 자체 특허 받은 TMF사료 생산 및 급여를 통해 독보적인 전문성을 확보하고 있으며, 우시장 등을 통해 우수한 송아지를 직접 구입하

여 체계적인 사양기술의 축적과 적용으로 고급육생산을 위한 노력을 기울이고 있습니다.

'전국 최고등급우 생산농가'라는 목표 달성을 위해 선진 농가의 기술도입, 정보공유 및 주기적인 컨설팅, 그리고 등급판정 분석결과를 적극 활용하여 지속적으로 고급육 생산기술 개발에 노력하고 있습니다.

'미생물 배양기술을 활용한 자가배합사료'를 개발하여 악취를 저감하고 고품질의 한우를 생산하고 있습니다. 일본의 선진 농가들을 수차례 방문견학하면서, 소의 생리를 이해하고, 고급육을 만드는 방법을 터득하면서, 최상의 길은 소에게 '자가배합사료'를 먹여야한다는 것을 깨닫고 이것을 만들기 시작했습니다.

물론 시행착오도 많았습니다. 지식과 정보가 부족한 가운데 도전하여 처음에는 질병등으로 쓰러지는 소들이 많이 생기기도 하였습니다. 하지만 포기하지 않고 미생물학, 동물해부생리학, 한우표준사료성분등 한우와 관련된 수많은 책과 자료들을 보면서 연구, 실험한 끝에, 마침내 고품질 한우 생산이 가능한 '자가배합사료'를 생산하게 된것입니다.

농산부산물과 식품부산물, 단미 사료에 미생물을 넣어 발효시킨 배합사료는 소의 건강에도 좋고 우분냄새를 거의 안나게하고 있으며, 축산물의 품질향상에도 결정적인 역할을 하고있다.

그리고 '축사내 악취저감방법'을 개발하여 적용하고 있습니다.

소가 섭취한 단백질이 장내에서 보다 효율적으로 소화·분해될 수 있도록 유용 미생물(EM균)을 활용하여 악취발생을 저감하고 있는것입니다.

특히, 송아지 설사 예방 및 치료를 위해 액상 플래보스업 효모와 유산균을 혼합하여 경구 투여하고, 건조 효모균을 사료에 드레싱(dressing)함으로써, 소화 작용을 촉진하고 단백질 분해를 증가시키며, 동물의 건강을 증진시키면서 악취를 현저히 저감할수 있습니다.

위와 같은 방식을 적용하면 장 건강이 개선되고 담즙 분비 촉진 효과를 기대할 수 있으며 동물의 기호성이 높아짐으로서 자연스럽게 사료 섭취량이 증가하는 장점이 있고 친환경적인 효과도 기대할수 있습니다.

더불어 한우 생태를 적용한 축사시설 구축을 통해 환경오염 방지 및 고급육 생산이 가능토록 하고있습니다.

분뇨 외부 유출 방지를 위한 자체개발 와이어 설치로 환경 오염을 방지하고 있는데, 이는 환경에 따라 변형가능한 칸막이 시설로 분뇨 외부 유출 위험을 차단하는것입니다.

또한 일반적으로 사용하고 있는 '상하이동지붕'을 '좌우이동지붕'으로 변형하여, 번식우의 비타민D 합성 강화를 통한 번식률 상승이 가능토록 하고 있습니다. '빗물 낙수소음 방지시설'를 설치하고, 바닥 습기관리를 효율화하여 스트레스를 감소시키는등, 동물복지 실현을 위해서도 노력하고 있습니다.

태화한우농장의 강점은 다음과 같습니다.

농산부산물과 식품부산물을 활용하여 사료를 생산함으로서, 두당 일반배합사료에 비해 약 100만원의 사료생산비용을 절감하고 있습니다.

미생물 배양 기술을 활용한 자가 배합사료 급여로 일반배합사료를 급여하는 한우와 차별화를 도모하고 있습니다.

HACCP (안전관리인증기준) 인증을 획득함으로서, 위생적 위해요소가 일체없는 무항생제 농장, 냄새가 나지 않는 친환경농장을 운영하고 있습니다.

이러한 노력을 통해 고품질의 한우를 생산하고 있는데, 1++ 등급의 출현율이 90% 이상이 되는 성과를 달성하고 있습니다.

앞으로도 저는 축산을 희망하는 청년들과 축산농가들이 누구나 쉽게 한우산업에 참여할수 있도록, 본인의 30여년 노하우를 열정이 있는 축산인들과 공유하면서 저 자신보다는 사회를 위해서, 대한민국의 한우산업발전을 위해 헌신할것입니다.

이웃 주민들과의 소통, 환경개선을 위한 각종 기술및 노하우를 공유하여, 축산농장을 국민들이 싫어하지 않고, 선호하는 시설로 운영하기 위해 노력해 나가도록 할것입니다.

단 한 마리의 소에도 생명에 대한 존중, 자연과의 교감, 장인의 땀과 열정이 스며듭니다. 한우는 단지 고기가 아닌, 시간을 담은 문화이며, 땅과 사람을 잇는 연결 고리입니다.

'명품한우 만들기'책자가 그 고리의 실체를 하나하나 풀어나가며, 대한민국 축산업의 현재와 미래를 동시에 마주하는 출발점이 되기를 희망합니다.

이 책자는 결코 저와 저희농장을 자랑하기 위해 씌여진것이 아니며, 장기간에 걸친 저의 연구, 실험결과와 경험을 공유함으로써, 아무쪼록 축산에 입문하는 청년창업농들과 축산인들에게 적게나마 도움이 되기를 희망할 따름입니다.

더불어 이 책자의 내용은 제가 30여년동안 한우를 사육하면서 경험한 사례를 바탕으로 기술한 내용이기 때문에, 학술적인면이나 과학적인면과는 견해차이가 있을수 있다는점에 대해서는 양해를 부탁드립니다.

그동안 제가 달려온 '명품한우 만들기'의 길고 험한 여정에서, 아낌없는 응원과 도움을 주신 모든 분들에게 그리고 흔들림 없이 내조해준 사랑하는 아내와 가족들에게 깊은 감사의 마음을 전합니다. 여러분들의 따뜻한 격려와 헌신이 있었기에 저는 이 어려운 여정을 좌절하지 않고 달려올수가 있었습니다. 감사합니다.

2025년 10월 1일 이 규 천 서 명

제1장

미생물 배양기술을 활용한 자가 배합 사료 개발

제1장 미생물 배양기술을 활용한 자가 배합사료 개발

최고 등급의 한우사육을 목표로...

우리농장에서는, '미생물 배양기술을 활용한 자가배합사료', 'TMF (Total Mixed Fermentation)' 즉 '완전혼합 발효사료'를 개발하여 사료원가를 줄이며, 이를 사육 단계에 맞추어 급여를 하고 있다. 소화 흡수율이 높은 발효사료 덕분에 고급육을 생산하고 악취를 저감함과 동시에 분변 관리까지 해결하여 고품질의 퇴비를 생산, 공급하고 있는것이다.

농업계 고등학교와 대학교를 졸업한 뒤 직장 생활을 하면서 재정을 비축한후 1992년 거세우 7두를 입식하면서 한우산업과 인연을 맺게되었다. 이후 1997년 IMF 당시 꽤 잘나가는 식육점을 운영해 경제적인 여유가 생기자 가슴 한편에 묻어 두었던 어릴 적 꿈을 실현하기 위해, 지역의 한우 농가가 폐업하면서 내놓은 32마리의 암소와 1마리의 숫소를 구입하면서 한우사육의 첫발을 내딛게되었다.

그러나 최고 등급의 한우를 키우기란 쉽지가 않았다. 배합사료를 급여하며, 사료공장에서 제시한 사양관리 프로그램을 따르고, 그렇게 1년이 지날 무렵 초보 한우인이었던 저는 남들과 같은 사육방법을 택한다면 결국 남들과 같을 것'이라는 생각이 머릿속에 가득했다.

최고 등급이 나오지 않은 원인을 파악했더니 해답은 '먹이'였다. 일반 배합사료로는 품질을 일정하게 높이는 것이 어렵다는 것을 확인한 저는 일반 배합 사료가 아니라 발효사료를 개발하기 시작하였다.

그리고 저는, "우리나라보다 10여년 먼저 시장 개방이 이뤄진 일본에서 살아남은 농가는 어떤 특별함이 있을까?"라는 물음을 던지며 그 속에서 해답을 찾기로 했다.

벤치마킹을 위해 일본 농가들을 방문했다가 현지의 실상을 보고 큰 충격을 받았다. WTO 가입으로 일본 내 폐업하는 농가가 많아진 것을 발견했기 때문이다. 이에 위기감을 느낀 저는 '위기를 극복하고 한우 농가 운영을 지속해 나가기 위해 미리 준비하자'는 결심을 하게되었다.

또한 값싼 수입육과의 경쟁에서 살아남은 일본의 화우농가들을 보니 자가사료 급여로 고급육을 생산하며 경쟁력을 높여나가고 있는것을 발견하고는, 저도 "태화한우농장만의 특색 있는 사료를 개발하면 최고의 소를 만들 수 있을 것"이라고 생각한 결과 한우 사

료 연구에 매진하게 되었던것이다.

일본의 선진 농가들을 수차례 방문 견학하면서, 소의 생리를 이해하고, 고급육을 만드는 방법을 터득하여 접목하면서, '자가배합사료'를 만들기 위해 노력하였으나, 사료에 대한 지식이 전무했기 때문에 처음에는 시행착오도 많이 발생하는등 양질의 자가 TMF사료를 만든다는 것이 그리 호락호락하지는 않았다.

현실과 이상은 분명히 달랐다. 원료만 넣으면 순조롭게 만들어 질줄 만 알았던 자가 TMF사료는 뜻하지 않게 사생된 송아지와 기립 불능 송아지, 눈먼 송아지가 출생되었다. 미네랄, 비타민 등 필요 영양소가 부족해 발생한 결과였다.

개발한 사료의 영양 밸런스가 맞지 않아 소가 근출혈 같은 병에 걸리고 영양실조로 소 16마리가 쓰러진 적도 있었다. 하지만 포기하지 않고 쓰러진 소를 연구했다. 그리고 생리 상태에 맞는 영양분을 넣은 발효사료를 소에게 먹였더니 다시 살이 오르기 시작하였다.

이미 '자가배합사료 생산'이라는 해답지를 받은 저에게 있어서 이러한 역경은 과정에 불과하였다. 정상적이지 못한 송아지나 폐사된 송아지의 원인을 분석 하고, 도축한 거세우는 전량 가져와 직접 해부하여 기록을 남기는 등 실패의 과정속에 얻음 결과물들이 결코 무의미하게 버려지는 것을 용납지 않았다.

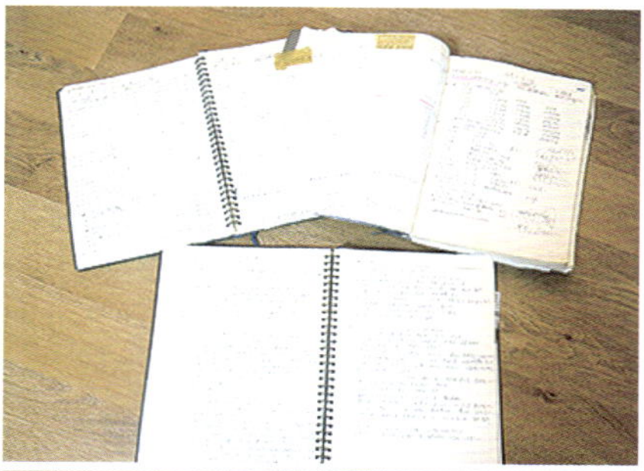
사료제조를 위해 연구 실험하며, 기록한 일지

당시 주위에서는 다들 '소값도 좋고 사료값도 싼데 왜 사서 고생을 하느냐'며 미쳤다고 손가락질을 했으나 포기하지 않고 묵묵히 제 갈길을 걸어갔다.

주위의 손가락질 속에서도 제가 멈추지 않고 '자가 배합사료 개발'을 추진할수 있었던 것은 '분명한 방향이 설정되어 있었기에 언젠가는 반드시 성공하고 말 것'이라는 굳은 의지와 신념이 있었기에 가능했던것이다. 결국 이 과정에서 약 1억원정도의 손실을 보게되었다.

끊임없는 시행착오와 늘어만 가는 경제적 손실등 계속된 실패로 망연자실한 저는 혼자의 힘으로는 도저히 불가능하다는 판단을 내리고 손을 뻗은 곳이, 한우사육 이후 지금까지 좋은 파트너로 함께 하고 있는 '농협사료 울산지사'였다.

'농협사료 울산지사'는 제가 사료에 대한 분석을 요청하면, 과학적인 접근을 통해 사료에 꼭 필요한 영양성분을 알려주면서 좋은 사료를 생산할 수 있도록 신선한 원료를 공급해주는 등 아끼지 않고 도움을 제공해 주었다.

한편 개인적으로도 미생물학, 동물해부생리학, 한우표준사료성분등, 한우와 관련된 수많은 책들을 보면서 연구하고, 폐사,사산된 송아지와 도축된 거세우를 직접 해부하면서 사양 실험을 진행해 나갔다.

사료에 대한 이해

'TMR (Total Mixed Ration)' 즉 '완전혼합사료'는, 1일 필요로 하는 조사료, 농후사료, 비타민, 미네랄 및 기타 미량요소 등 모든 영양소를 함유하도록 여러 종류의 단미사료와 부산물을 혼합한 사료를 말하며, 'TMF (Total Mixed Fermentation)' 즉 '완전혼합 발효사료'는 TMR사료와 미생물을 접종하여 일정기간 발효 및 숙성시킨 사료를 말한다.

좋은 사료가 갖추어야할 조건은 다음과 같다.

가축에게 높은 영양소를 공급할수 있어야하고, 가축에게 무해, 무독하여야 한다. 또한 생산량이 많고, 손쉽게 이용 할 수 있어야 하며, 영양소가 쉽게 변질되지 않고, 신선해야 하며, 영양소 소화율이 높고, 기호성이 좋아야 한다.

발효란, 효모나 세균 따위의 미생물이 유기 화합물을 분해하여 알콜류, 유기산류, 탄산가스 등을 생기게 하는 작용이다.

즉, 미생물이 효소를 이용해 유기물을 분해시키는 과정을 말하는데 이 과정에서 사람이나 동물에게 유익한 것을 발효(Fermentation)라 하고, 유해한것을 부패(Putrefaction)라고 한다.

사료를 발효시키기 위해 주로 사용하는 미생물은 EM균(Effective Micro-organisms, 유용 미생물)인데, 다음과 같은 작용을 하게된다.

1) 유산균 : 세균 성장율이 빠르며 장내 유해균 억제 및 정장작용

2) 효모 : 단백질(아미노산)공급원으로 소장 내 유익균의 활성(발효)촉

진, 사료의 기호성을 높임

3) 바실러스(고초균) : 암모니아를 억제하여 축사환경개선

4) 아스페르길루스(누룩 곰팡이균) : 면역력 증가,악취제거

5) 광합성균: 유해성분의 감소하여 악취 및 가스제거

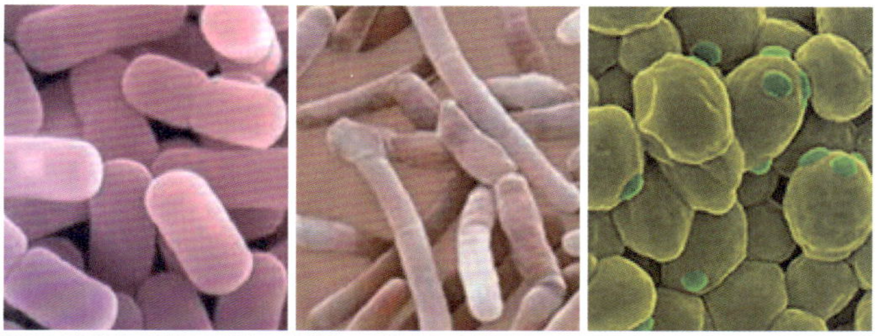

유산균 고초균 효모균

'미생물 배양기술을 활용한 자가배합사료'의 제조

종래에 국내에서 생산되는 소 사료량은 매우 부족하여 소 사료원료의 대부분을 수입에 의존함으로서, 소 사육비가 상승됨과 아울러, 각종 영양분이 골고루 함유되지 못하여 소의 발육이 양호하지 못하고 질병에 잘 걸리게 되는 문제점이 있었다.

이에 저는 사육원가는 줄이면서도 고급육을 생산하기 위한 목표하에, 1997년부터 2012년까지 15년여 동안 독자적으로 '미생물 배양기술'을 연구함으로써, '미생물 발효균을 이용한 발효사료'를 개발해 내는데 성공하게되었다.

이러한 과정에서는 지엘바이오(대표 임정식)의 도움도 매우 컸다고 생각한다. 지엘바이오의 배양기나 종균의 성능을 저희농장에서 실제 테스트하고 현장 피드백을 제공하면서, 기술을 발전시켜 나갔다. 미생물을 활용하면서 발효사료의 품질이 크게 향상되었고, 축사의 위생은 눈에 띄게 좋아졌으며, 시간이 가면서 미생물의 단가를 크게 줄이면서 활용할 수 있게 되었다.

그리하여 평균 미생물 균체수가 $10^{\wedge 8}$ 이상(유산균 $10^{\wedge 10}$, 효모 $10^{\wedge 8}$, 고초균$10^{\wedge 8}$)로서 보통 10^7수준인 다른곳에 비해, 우리농장은 10배 이상 높은 균체수를 유지하게 된것이다. 미생물 균체수가 많을수록 발효가 잘되고, 장내 환경을 좋게 개선해주기 때문에 위생적인 친환경 한우 고급육을 생산해낼수가 있다.

완전 배양된 미생물의 PH측정과 배양시간별 혼합배양물의 생균수 측정

- 배양시간별 혼합배양물의 pH측정 -

Days of Incubation	pH
0h	5.88
1d	4.38
2d	3.47
3d	3.30
4d	3.25
5d	3.20
6d	3.21
7d	3.21
8d	3.24
9d	3.20
10d	3.19
30d(실온/냉장)	3.27 / 3.21

완전 배양된 미생물의 PH측정과 배양시간별 혼합배양물의 생균수 측정

- 배양시간별 혼합배양물의 생균수 측정 -

Days of Incubation	유산균	효모균	고초균
0h	$7.0X10^{5}$	$1.0X10^{8}$	ND
1d	$2.5X10^{9}$	$1.5X10^{9}$	ND
2d	$4.0X10^{9}$	$4.5X10^{9}$	$2.5X10^{4}$
3d	$4.0X10^{9}$	$1.5X10^{8}$	$2.5X10^{4}$
4d	$1.5X10^{10}$	$3.0X10^{8}$	$3.5X10^{4}$
5d	$2.5X10^{10}$	$1.5X10^{8}$	$1.5X10^{4}$
6d	$1.0X10^{10}$	$1.5X10^{8}$	$2.0X10^{4}$
7d	$2.5X10^{10}$	$3.0X10^{8}$	$2.0X10^{4}$
8d	$1.0X10^{10}$	$2.0X10^{8}$	$2.5X10^{4}$
9d	$2.0X10^{10}$	$2.5X10^{8}$	$3.0X10^{4}$
10d	$1.0X10^{12}$	$5.0X10^{9}$	$2.0X10^{4}$
30d(실온)	$2.5X10^{10}$	$1.5X10^{4}$	$5.0X10^{4}$
30d(냉장)	$8.5X10^{9}$	$4.5X10^{5}$	$2.0X10^{3}$

농식품 부산물을 활용한 발효사료의 제조

또한 농식품부산물의 성분을 분석해 비싼 곡물을 대체할 수 있는 성분을 찾아내었다. 이 성분을 활용한 결과, 생산비를 30%가량 줄일 수가 있었다.

즉 버려지던 농식품 부산물, 맥강, 장유박, 맥주박, 비지 등에 미생물 배양액을 활용한 발효사료를 제조함으로서, 사료비를 절감하고 환경오염을 방지함과 동시에 악취가 없고, 파리와 모기 등 벌레 발생이 적으며, 높은 등급의 한우 출현율이 증가하는 성과를 거두게 된것이다.

계속해서 저는 발효 온도와 시간, 미생물 발균체의 종류 등을 다르게 조합하면서 최고의 발효사료를 위한 연구에 몰두하였다. 그 결과 '1.5t의 원료와 미생물 발균체 10L를 기계에 투입후 40~45°C(고온)에서 발효한다'는 최적의 조건을 찾아내게 되었다.

15년여의 노력 끝에 개발된 자가 TMF 사료

더불어 발효되는 동안은 공기가 통하도록 환경을 조성하고, 발효가 끝나면 부패하지 않도록 공기를 차단하는 것이 중요한데, 이렇게 하면 약 15일 정도는 미생물 균체수가 높은 상태로 유지된다는 사실도 발견하게 되었다.

TMF는 발효기에 비지박, 단백피, 맥주 박, 파쇄 옥수수, 파쇄 보리, 면실펠릿, 주정박, 맥강, 장유박, 기장피, 규산염(제올라이트), 중조, 소금, 칼

숍과 직접 배양한 EM(유용미생물)을 성장 단계별로 배합기에 맞춰 넣고, 45°C에서 2시간동안 교반후 이튿날 다시 5-10분간 교반한 다음, 10시간후에 급여하게된다.

이러한 TMF는 소의 질병을 예방하고 성장을 촉진시킬 수 있으며, 육질이 부드럽고 맛이 좋은 고급육의 생산이 가능토록 해주고 있다.

더불서 중요한것은 성장단계마다 필요한 영양분을 공급해주는것이다. 사람도 탄생 개월수와 발달 정도에 따라 식단이 달라지는 것처럼 한우 역시 마찬가지다. 사료를 먹이는 과정에서, 소의 행동과 털의 색깔을 살피면서 어떤 영양소가 필요한지를 살피는것도 필수적이다.

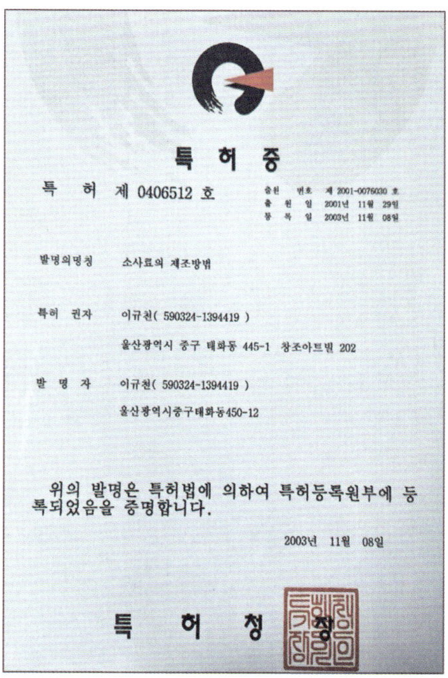

특 허 증

특 허 제 0406512 호

출원 번호 제 2001-0076030 호
출 원 일 2001년 11월 29일
등 록 일 2003년 11월 08일

발명의명칭 소사료의 제조방법

특허 권자 이규천(590324-1394419)
울산광역시 중구 태화동 445-1 창조아트빌 202

발 명 자 이규천(590324-1394419)
울산광역시중구태화동450-12

위의 발명은 특허법에 의하여 특허등록원부에 등록되었음을 증명합니다.

2003년 11월 08일

특 허 청 장

이렇게 각고의 노력을 기울인 연구와 사양시험을 통해, 태화한우농장만의 '자가배합사료','TMF사료'를 만들어낸 저는, 2003년 말 "소 사료의 제조방법"으로 특허와 상표를 등록하였다.

사료 개발 후 지금까지 농장에서 출하한 500여두의 고급육 성적을 보면, 요로결석으로 인해 조기출하하여 2등급을 받은 1마리를 제외하고는 모두 1등급이상이었다. 특히 수년전부터는 1+등급이상 한우의 출현율이 100%가 되고 있으며, 그것도 대부분이 1++등급으로 매년 자체 최고 성적을 갱신해 나가고 있다.

참고로 1++등급 한우의 출현율은 전국 평균 38%인데 비하여, 태화한우농장은 90%이상으로 매년 최고 성적을 갱신하고 있는것이다.
또한 육량등급은 A등급이 67.3%, B등급이 26.5%, C등급이 5.9%로 나타나 전국 A등급 출현율 18.7%보다 48.9% 높게 유지되고 있으며, B등급은 전국 46.3%보다 19.8% 낮게, C등급 출현율은 전국평균 35%보다 29.1% 낮게 나타나고 있다.
항목별 등급판정결과를 살펴보면 근내 지방도가 8.3으로 전국평균보다 2.5가 높았고, 등심 단면적은 114.1mm로서 전국평균보다 22.3cm²가 컷으며, 도체중은 474.3kg으로 전국평균보다 40.2kg가 높았다. 특히 등심 단면적의 경우 34두 중 20두가 110cm² 이상이었다.

또한 평균 경락단가는 지육 kg당 2만1천605원으로, 전국평균 경락단가인 1만8천567원보다 3천38원이 높게 나왔다.

자가 TMF사료 생산시설

이러한 노력의 결과로 2015년에 개최된 '한우능력 평가대상'에서 대통령상을 수상하였으며, 2018년 '축산물품질평가대상'에서도 대통령상을 수상하는등 한우인에게 있어 가장 권위 있는 두 개의 최고상을 받게되었다.

발효사료의 개발로 품질 향상, 생산비 절감, 악취 저감성과를 이루어내면서 '저비용 고효율'이라는 한우농장의 숙원달성에 한걸음 더 다가설수 있었던것이이다.

태화한우농장의 사료성분 분석결과를 보면 다음과 같다.

표1 태화한우농장 사료성분 분석결과 (단위, %)

생물기준		자가배합	배합사료
분석항목	분석함량		
조단백	9.33	14.52	11%이상
조지방	2.11	3.28	2.5%이상
조회분	3.40	5.29	10%이하
조섬유	6.79	10.57	18%이하
칼슘	0.42	0.66	0.7%이상
인	0.21	0.33	1.2%이하
총수분	44.09		

표2 태화한우농장의 사료 배합비율 및 소요금액 (100두 기준, 2025년)

NO	구분	단가/kg	1일 급여량/kg	비율(%)	일 소요금액(원)	비율(%)
1	단백피	350	130	10	45,500	17.4
2	맥강	380	50	3.8	19,000	7.3
3	장유박	250	30	2.3	7,500	3
4	면실피	350	50	3.8	17,500	6.7
5	맥주박	170	120	9.2	20,400	7.8
6	파쇄옥수수	451	90	6.9	40,590	15.5
7	대맥(파쇄)	509	40	3.1	20,360	7.8
8	비지	60	510	39.2	30,600	11.7
9	제오라이트	300	5	0.4	1,500	0.6
10	소금	240	5	0.4	1,200	0.4
11	미생물발효제	200	20	1.5	4,000	1.5
12	중조	670	5	0.4	3,350	1.3
13	버섯배지	130	140	10.8	18,200	6.9
14	주정박	170	100	7.7	17,000	6.5
15	기타	3000	5	0.4	15,000	5.7
계		1,300 kg			261,700 원	

표3 태화한우농장 자가배합사료와 일반 배합사료 가격비교 (두당 소요금액)

구분	1일 급여량 (kg)	단가/kg (원)	1일 소요금액 (원)	월 소요금액 (원)	24개월 소요금액 (원)	조사료 24개월 (200*3kg)
자가배합	13	200	2,600	78,000	1,872,000	432,000
배합사료	7	530	3,710	111,300	2,671,200	432,000
차액					799,200	

< 출하 결과(등급)에 따른 손익차이 발생>

예) 송아지 400만원 + 배합사료 약 350만원 + 기타 30만원 = 약 830만원
자가배합 약 250만원 + 기타 30만원 = 약 730만원

표4 태화한우농장과 전국 소 도체 등급판정 결과 비교 (2023년 9월-2024년 8월)

구분	등지방 (mm)	등심단면적 (cm^2)	도체중 (kg)	근내지방도(점) *9점 만점
태화	12.1	108.1	482.3	9
경락가격 상위 10% 평균 성적	12.4	106.6	450	8.4
전국	13.3	96.1	458.6	6.1
전국평균과 차이	-1.2	+12	+23.7	+3

한우 경락가격 상위 10%의 한우 도체 등급판정 평균보다,
태화한우농장이 모든 항목에서 우수한 성적을 도출함

발효사료가 가지는 장점은 다음과 같다.

1) 농가의 여건과 가축 생산에 알맞은 급여

2) 주위에서 쉽게 원료를 구할 수 있어 사료비 절감

* 자가배합사료는 사료비를 30%가량 절감할수가 있다.

3) 신선한 사료의 제조가 가능

4) 타 사료에 비해 가격변동에 쉽게 대처

* 사료가격이 올라가더라도, 자가배합사료이기 때문에 영향을 별로 안받음

자가 TMF사료 생산을 위한 원료들

5) 축산물 생산의 차별화로 고급육을 생산, 높은 가격을 받음

* 한우의 품질이 월등히 향상되고, 기본적으로 소화효율이 높다 보니 대사성 질병도 줄어든다.

6) 발효사료 급여시 고창증 등 대사성 질병 최소화

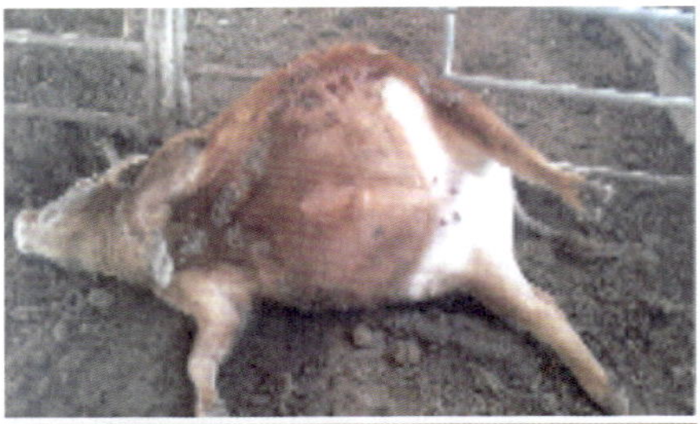

고창증에 걸린소

7) 기호성과 소화율 향상으로 비육기 최대 성장 도모 (생후 30~32개월령에 출하)

8) 고비용 저효율 한우산업의 위기극복과 국내 부존 사료자원의 이용성 증진

9) 친환경으로 축사 내 냄새가 없음(특히 파리, 모기의 발생이 적음)

* 일반적으로 축사에서 악취의 주요 원인은 가축의 배설물이다. 그런데. 발효사료를 먹이면 소화 흡수율이 높기 때문에 방귀 등 가스 배출이 줄고 분뇨물의 악취를 유발하는 혐기균을 줄여주는 효과가 있다. 즉 발효사료가 악취의 근본적인 원인을 제거하기 때문에 악취를 줄여주는것이다.

10) 면역력 강화

11) 항산화 작용

12) 장 건강 증진

반면에 발효사료를 제조, 사용하는데 있어서는 다음과 같은 단점도 내포하고 있다.

1) 학술적인 지식이 부족한 가운데 사료를 만드는 것이 어려움 (비타민, 광물질 등 부족으로 눈먼 소, 기형 소, 근출혈, 내장지방 괴사증, 기립 불능 등이 발생)=>영양 불균형에 기인함

2) 발효사료 기계의 구입과 동력전기 증설에 많은 비용이 소요됨

3) 처음에는 원료구입에 많은 시간이 소요됨

4) 많은 노동력 소요(지게차등을 이용 벌크통을 설치하는등)

5) 저장성이 낮음

6) 많은 위험성(기계 가동 시)

제2장

축사 내 악취 저감

제2장 축사 내 악취 저감

농장의 악취저감을 목표로...

축산물 소비가 매년 늘어나면서 축산업은 우리 국민들의 먹거리를 책임지는 동시에 농촌경제의 핵심으로 성장해 왔다. 하지만 축산업에서 가장 큰 문제로 꼽는 것은 '악취로 인한 환경오염과 그에 따른 민원 발생'이다. 전 세계적으로도 환경 보호에 대한 관심이 높아지면서 '축산이 기후변화를 일으키는 주범'이라는 오명을 쓰고 있는 가운데, 축사 내 악취 저감의 필요성은 더욱 절실해지고 있는 실정인것이다.

이에 따라 친환경적이며 동물복지에도 기여할 수 있는 악취 저감 방법이 지속적으로 연구되고 있음에도 불구하고, 지금까지 악취저감에 있어서 만족 할만한 결과를 얻지 못하고 있는 것이 현실이다.

이러한 가운데서도, 태화한우농장은 '축사'하면 떠오르는 더럽고 냄새난다는 인식을 없애기 위해 '예쁘고 깨끗한 농장'을 가꾸어온 결과, 사람들은 '한우호텔'이라는 별칭을 붙여줄 정도이다.

처음에 울산남부지역에서 한우를 키우기 시작했던 저는 사육규모를 늘리기 위해 다른 지역에 4000평 규모의 땅을 구입했다. 지자체에 축사설치와 가축사육 승인도 모두 받았다. 하지만 인근 주민들의 반대가 너무 심했다. 법적으로 하자가 전혀 없었기에 마음은 더욱 답답했다. 그리하여 저렇게 반대들을 하는데 여기서 한우를 키우는 게 무슨 의미가 있을까 하는 마음이 들었다. 그렇게 6개월을 보내고 난후 그 땅에는 주목과 소나무를 심은후 현재의 농장에서 한우를 키우게 되었다.

악취의 원인과 해결책은 무엇인가?

그러면서 한우 농장을 운영하다 보니 주변에 죄인이 아닌 죄인이 되었다는 생각이 많이 들었다. 그리하여 축산인으로서 스스로 자부심을 느끼고 자존감을 높히려면 축사의 고질병인 악취의 근본적인 원인을 제거해야 한다고 판단했다.

그래서 저는 '분뇨에서 냄새가 왜? 나는지 부터 공부를 시작했는데, 소가 섭취하는 단백질이 소화되지 않고 분에 섞여 나오면서 암모니아와 황화수소가 발생하고 이것 때문에 냄새가 난다'는 것을 알게 되었다.

소는 초식동물이기 때문에 풀만 먹이면 분뇨에서 크게 냄새가 나지 않는다. 그러나 비육을 위해 곡물, 농산 부산물, 식품 부산물이 포함된 사료를 급여하게된다.

이러한 사료에는 단백질이 포함되어 있으며, 섭취후 장에서 완전히 분해되지 못한 단백질이 배설물로 배출이된다. 이 배설물이 수분(소변)과 결합하면서 암모니아(NH3) 및 황화수소(H2S)와 같은 유해 가스를 발생시켜 악취의 주요 원인이 되는것이다.

우리 농장에서도 기술개발 초기단계에서는 발효가 잘 안되어서 시간적, 경제적인 낭비도 초래하였다. 실패가 거듭되면서 오히려 축사에 냄새도 더 많이 나고, 파리도 더 꼬이는 일도 발생하였는데, 이제는 악취도 발생하지 않고 파리, 모기, 벌레, 거미도 거의 없을 정도로 개선이 된것이다.

우리 농장에서는 '유용 미생물(EM균)을 활용한 미생물 발효사료와 효모

드레싱 기술'을 적용하여, 소가 섭취한 단백질이 장내에서 보다 효율적으로 소화, 분해될 수 있도록 함으로써 분뇨 악취를 저감시키고 있다.

특히 건조 효모균을 사료에 드레싱(dressing)하게되면, 소의 소화 작용과 단백질 분해를 촉진하고, 소의 건강을 증진시키면서 악취를 현저히 저감해 나갈수가 있는것이다.

성우(成牛)의 경우 개체당 1일 7~10g의 효모균을 사료에 드레싱하여 급여함으로서 냄새를 저감하는등 다양한 효과를 기대할수가 있다.

또 소가 연변을 배설하지 않고 건강한 대변을 배설하기 때문에 바닥 관리도 수월해지고 분변내 영양분이 없어 파리도 줄어드는 효과가 있는것이다.

또한, 송아지 분만 후 가장 큰 문제 중 하나는 설사병이다. 이러한 설사병은 악취가 심할 뿐만 아니라 폐사의 주요 원인이 되기도한다.

송아지 설사 예방 및 치료를 위해서는 액상 플래보스업 효모와 유산균을 1:1 비율(150mL)에 물(150mL)을 혼합하여 경구 투여해 줌으로써, 질병을 감소하고 항생제를 저감하여 친환경 축산을 실현할수가 있게 되었다.

'유용 미생물(EM균)을 활용한 미생물 발효사료와 효모 드레싱 기술'의 적용

먼저 배양액을 제조하여 사료를 급여하는 과정은, 유용 미생물 배양액을 제조하는 '배양액 제조단계', 미리 준비된 사료원료에 미생물 배양액을 부가하여 교반하는 '혼합단계', 미생물 배양액이 혼합된 사료를 발효시키는 '발효단계'및 발효된 사료를 소에게 즉시 급여하는 '사료 급여단계'로 진행이 된다.

축분냄새 저감을 위해 첨가제를 급여하는 모습

'배양액 제조단계'에서는, 물에 소 사료용 복합균 250g(바실러스25g,유산균 135g, 효모균100g), 당밀, 소금, 갈색설탕 및 미강을 부가한후, 배양하게된다. 이때 물 100 중량부에 대하여 소 사료용 복합균 23 내지 27 중량부, 당밀 1 내지 3중량부, 소금 0.2 내지 0.4중량부, 갈색설탕 0.5 내지 1중량부 및 미강 0.05 내지 0.2중량부를 부가한 후, 33℃~37℃에서 235시간~245시간동안 배양을 하게된다.

소 사료용 복합균은, 유산균 100중량부에 대하여 바실루스균 18~22중량부 및 효모균 75~85 중량부를 포함하여 배양한다.

미리 준비된 사료원료에 미생물 배양액을 부가하여 교반하는 '혼합단계'에서는, 콩비지 100중량부에 대하여 라면가루와 빵가루의 혼합가루 3.3중량부, 맥주박과 보리겨의 혼합물 4.9 중량부, 주정박 4.9중량부, 버섯배지 4.9중량부, 참깨묵 1.3중량부, 비타민제 3.0 중량부 및 배합가루사료 8.2 중량부를 혼합하여 제조하게된다. 그리고 이러한 사료100 중량부에 대하여 상기 미생물 배양액 1~3중량부를 부가하여 제조한다.

혼합된 사료를 발효시키는 '발효단계'에서는, 43℃~47 ℃에서 2시간 동안 교반후, 12~15시간이 경과한 다음, 다시 5~10분간 교반한후 8~10시간 경과후 급여를 하게된다.

그리고 방취림의 역할을 할수 있도록, 축사 곳곳에 소나무와 편백나무, 주목, 은목수 등 300여 그루의 조경수와 철쭉, 수국, 맨드라미, 국화 등을 심어놓아서 이산화탄소를 흡수하고 산소와 피톤치드를 방출하도록하고 있다.

이렇게 악취의 저감을 목표로 끊임없이 연구, 실험에 매진한 결과 얻은 결론은 '미생물, 특히 효모가 냄새 물질을 저감하는 효과가 크다'는 것을 알게 되었고, 6년여의 연구 끝에 2025년도에는 특허까지 등록하게 된것이다.

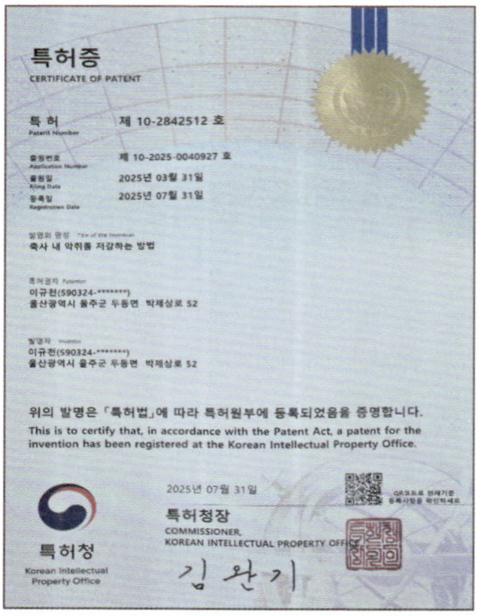
특허증
CERTIFICATE OF PATENT

특 허 Patent Number 제 10-2842512 호

출원번호 Application Number 제 10-2025-0040927 호
출원일 Filing Date 2025년 03월 31일
등록일 Registration Date 2025년 07월 31일

발명의 명칭 Title of the Invention
축사 내 악취를 저감하는 방법

특허권자 Patentee
이규천(590324-*******)
울산광역시 울주군 두동면 박제상로 52

발명자 Inventor
이규천(590324-*******)
울산광역시 울주군 두동면 박제상로 52

위의 발명은 「특허법」에 따라 특허원부에 등록되었음을 증명합니다.
This is to certify that, in accordance with the Patent Act, a patent for the invention has been registered at the Korean Intellectual Property Office.

2025년 07월 31일

특허청장
COMMISSIONER,
KOREAN INTELLECTUAL PROPERTY OFFICE

김완기

특허청
Korean Intellectual Property Office

이와같은 악취저감 방법을 적용하면, 다음과 같은 효과를 기대할 수가 있다.

1) 악취 저감 및 축산 환경 개선

소의 배설물에서 발생하는 악취가 현저히 감소하여 민원 발생을 예방하고, 환경 친화적인 축산업 운영이 가능해진다.

예전에는 2~3개월에 한 번씩 분뇨를 치우고 톱밥을 다시 깔아주었으나, 효모균을 먹인 뒤로는 깔짚 교체 주기가 4~5개월로 길어지고 톱밥 비용도 50% 가까이 절감하고있다.

2) EM(유용미생물) 활용으로, 여름철 축사온도 저감 효과

이러한 EM(유용미생물)을 활용하게 되면 습하고 더운 한여름에 더욱 심해지는 축사의 악취를 저감하고, 축사의 바닥온도도 낮추어 주는 역할을 하게된다.

여름철 무더울때 축사바닥에 미생물을 분무해주면, 온도가 2~3도 이상 내려가서 축사가 시원해지는 효과도 발생하는것이다.

3) 면역력 증가 및 질병 예방

장내 미생물 균형이 개선되어 동물의 면역력이 강화되고, 질병 예방 효과가 증진된다.

4) 고급육 생산 증가및 경제적 이익 증대

가축의 건강 개선으로 인해 축산물의 품질이 향상되며, 등급이 높아져 경제적 이익을 극대화할수 있다.

즉 소의 장 건강이 개선되고 담즙 분비촉진 효과가 있으며, 소의 기호성이 높아 자연스럽게 사료 섭취량이 증가하는 장점이 있는것이다.

5) 사료 원가의 절감 효과

6) 퇴비 부숙 촉진

미생물이 섞인 축분은 부숙에도 효과가 있다. 볕이 잘드는 곳에 설치한 퇴비장에서 한달에 네번 교반작업을 하고, 부숙이 완료되면 인근 농장에 무료로 나누어 주고 있는데 양질의 퇴비라고 소문이 나는 바람에 먼저 가져가려고 할 정도로 인기가 높다.

유용 미생물 증가로 인해 배설물의 퇴비화 과정이 원활해지고, 양질의 미생물 퇴비생산이 가능하다.

퇴비사로 치운 분뇨는 포클레인을 이용해 열흘에 한 번씩 뒤집어준다. 이렇게 네 번 정도 뒤집어주면서 교반을 시키면 완숙 퇴비가 된다. 분뇨 자체가 미생물 덩어리라 퇴비사에서 추가로 미생물을 넣어

주지 않고 교반만 시켜도 쉽게 완숙 퇴비가 만들어지는것이다.

다만 겨울철에는 교반만으로 완숙 퇴비를 만들기엔 시간이 너무 오래 걸린다. 이러한 문제를 해결하기 위해 우리농장에서는 퇴비사 바닥에 공기 주입 장치를 설치하였다. 퇴비사 바닥에 홈을 만들어 직경 5㎝, 길이 10m 정도의 폴리에틸렌(PE) 배관을 50㎝ 정도 간격으로 깔아주고, 배관 위쪽엔 13㎜ 크기의 구멍을 25㎝ 정도 간격으로 뚫어 에어라인을 만들어주었다.
여기에 링브로워(송풍기)를 연결해 퇴사 바닥에서 공기가 올라올 수 있도록 하고있는데, 이렇게 퇴비사에 에어라인을 깔아준 뒤에는 겨울철 분뇨 부숙 시간이 훨씬 단축됐다. 따뜻한 바람이 나와 겨울철 얼어붙은 분뇨를 녹여주는 덕분이다. 여기에 포클레인을 이용해 10일 간격으로 4번 정도 뒤집어주면 겨울철에도 쉽게 완숙 퇴비를 만들 수 있다.

이렇게 만들어진 완숙 퇴비는 퇴비사 한쪽에 별도로 쌓아 놓고 필요한 사람들에게 무상으로 나눠주고 있다. 냄새가 나지 않고 벌레도 꼬이지 않으며 품질도 너무 좋아 근교 텃밭을 가꾸는 사람들도 많이 찾는다. 필요한 사람들이 와서 알아서 퍼갈 수 있도록 옆에 삽과 자루도 비치해두고 있다.

7) 사료의 효율 개선 및 섭취율 향상

체내 단백질 흡수를 증가시키고, 흡수되지 않은 단백질 배출량을 감소시켜 악취생성을 줄일 수가 있다.

또한, 유해가스 감소, 축사 환경 개선, 파리,·모기, 유충 감소의 효과가 있으며, 송아지 설사 예방 및 치료 효과가 탁월하다.

8) 가축의 스트레스 감소

파리, 모기가 없으며 악취 저감으로 인해 가축의 스트레스가 줄어들어 건강한 성장 환경이 조성된다.

모기, 파리가 많으면 비싼 사료를 먹은 소의 움직임이 많아져서 에너지가 많이 소모되는것이다.

이렇게 '친환경적이면서도 실용적인 축산 환경 개선 기술'을 활용하면서, '악취문제를 해결하고 지속 가능한 축산업 발전'에 한걸음 더 다가갈수가 있었으며 , 30여년간 한우를 키우면서도 한번의 민원도 발생한적이 없게 되었다.

태화한우농장 내부 냄새 측정 결과-1

1) 일시 및 장소 : 2025. 2. 25. 울주군 두동면 태화한우농장

2) 측정기기 : 악취측정기(Multi Gas Detector)

3) 측정결과 : NH3 0ppm, 황화수소 0 ppm (양호)

※ 관리기준 : NH3 20ppm, 황화수소 0.5ppm 이하 관리
(참고) 양돈 상위 10%농가 : 암모니아 4.4ppm, 황화수소 0.07ppm)

축산농가에서는 더 좋은 소를 기르기 위해 오랫동안 노력을 기울여왔다. 선조로부터 우수한 개체를 선발하고 개량하는 것은 한우 산업의 핵심이라고 할수있다.

태화한우농장 내부 냄새 측정 결과-2

표1 농장 내 발생 악취 비교 데이터

구분	암모니아 (ppm)	황화수소 (ppm)	희석배수(배) 법적기준	악취강도(OI) (휴대용측정기)
상위 10%	4.45	0.069	148	2.7
상위 30%	7.17	0.098	303	5.5
평균	**20.51**	**0.480**	**1169**	**21.1**
하위 30%	37.68	1.061	2422	43.7
하위 10%	52.81	1.834	3552	64.1
농장악취관리 기준(한돈협회)	20.00	0.500	1000	20.0

태화한우농장 내부 냄새 측정 결과-3

표2 공기 상태 안전 여부 확인

구분	상태	수치	비고
황화수소 (H_2S)	위험	10ppm 이상	**절대 출입금지** (반드시 환기 후 정상상태에서 출입 필요)
	경계	0.01~10ppm	**출입금지** (환기 후 정상상태에서 출입 필요, 장시간 노출시 위험)
	정상	0ppm	**측정값이 '0' 이어야 안전** (평상시 센스값)

태화한우농장 내부 냄새 측정 결과-4

제3장

한우의 개량

제3장 한우의 개량

'한우개량'이란 우수한 능력을 가진 소를 골라서 후대에 그 특징이 잘 전달되도록 하는 과정이다. 쉽게 말해, "좋은 형질을 가진 소를 선발해 더 좋은 개체를 만드는 것"이라고 할수있다.

'한우개량'을 하게되면 다음과 같은 장점이 있게된다.

1) 같은 사료를 먹여도 체형뿐만 아니라 더 좋은 도체중, 등심단면적, 등지방두께, 마블링스코어(육질)를 가진 개체로 성장할 수가 있다.

2) 송아지가 더 건강하고 튼튼하게 태어나고, 사육 기간도 단축될 수가 있다.

3) 농가의 생산성과 소득이 향상된다.

'한우 개량'의 방법은 다음과 같다.

개량에는 크게 외모(체형) 평가와 유전 능력 평가 두 가지가 있다.

1) 외모심사와 선형심사 (눈으로 보는 평가)

가) 외모심사는 개체의 체형을 보고 평가점수로 우선순위를 평가하는 방법이다. 품평회나 가축의 등록 및 비교심사에서 많이 사용된다.

나) 선형심사는 체형뿐만 아니라 생산 능력과의 관계를 고려하여, 17개 항목을 통해 9개 등급으로 평가를 한다. 이를 통해 종합 점수가 좋을수록 여러 가지 능력이 좋은 것으로 판단하게되며, 선형심사의 종합점수가 80점 이상이면 '고등등록' 이 가능하게된다.

다) 이러한 선형심사 이전에, 암소가 가져야 할 기본능력이 좋아야 한다. 외모와 체형이 우수한 암소는 후대에게도 좋은 유전자를 전달할 가능성이 크기 때문에, 한우농가에서는 고등등록된 암소를 선호하게된다.

참고적으로 암소 키의 유전력은 40%이고 엉덩이 길이의 유전력은 30% 정도로 부모의 능력이 높게 전달된다.

2) 유전능력평가 (숫자로 보는 평가)

가) 외모만 보고 좋은 소를 판단하는것보다는 유전적으로 얼마나 우수한지를 평가하는 것이 더욱 중요하기 때문에, 이를 위해 유전능력를 평가를 실시하게된다.

유전력의 강도는 다음과 같다.

번식 능력(5~10%/저도의 유전력) < 성장 속도(20~30%/중도의 유전력) < 육질(30~50%/고도의 유전력) 순으로 유전력이 높게 나타난다.

참고적으로 BLUP(Best Linear Unbiased Prediction)은 가축의 유전능력을 평가하는 데 있어 가장 정확하고 널리 사용되는 통계적

방법 중 하나인데, 부모, 형제, 자손의 데이터가 많을수록 정확도가 높아진다.

나) 육종가(BV)와 표준화 육종가

유전능력평가를 통해 얻은 숫자를 "육종가(BV, Breeding Value)"라고 하는데, 육종가가 높을수록 후대에게 좋은 형질을 물려줄 가능성이 크다고 할수 있다. 하지만 형질마다 숫자의 단위가 다르기 때문에 비교하기 쉽게 표준 종가를 사용한다.

예를 들어, 체중(kg)과 근내지방도(점), 등심단면적(cm^2)은 단위가로 표준화해서 평가하는 것이죠.

이러한 개량은 단순히 좋은 소를 키우는 것이 아니라, 농가의 수익을 늘리고 경쟁력을 높이는 중요한 과정인것이다.

개량을 통해 외모심사와 선형심사로 우수한 개체를 선발하고, 유전능력평가를 활용해 과학적으로 개량 방향을 설정하면, 더 좋은 후대축을 생산하고 농가 소득을 증대시킬수가 있는것이다.

<인용문헌>

Wright, S. 1922. Coefficients of inbreeding and relationship. The American Naturalist. 56:330-338.

이정규, 구양모, 김효선 등 2011. 한우 도체형질의 유전능력평가를 위한 통계모형 탐색, 한국동물자원과학회지 53:283-288.

농촌진흥청. 한우유전능력평가보고서.

제4장

비육우 및 번식우의 사양관리

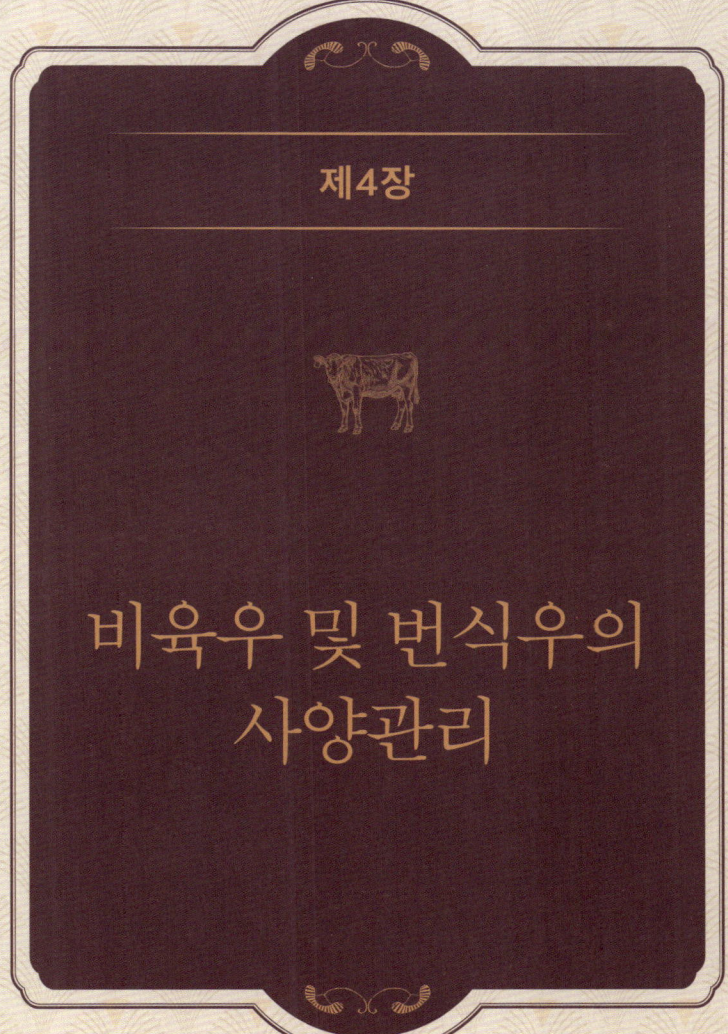

제4장 비육우 및 번식우의 사양관리

태화한우농장 고급육 SYSTEM

구분	사육단계	도입기	육성기	비육전기	비육중기	마무리
	생후월령	3, 4, 5	6, 7, 8, 9, 10	11, 12, 13, 14, 15	16, 17, 18, 19	20, 21, 22, 23, 24, 25, 26
	체중(kg)	평균 130	180 ~ 240 ~ 280	300 ~ 350 ~ 400	430 ~ 470 ~ 520	540 ~ 570 ~ 600 ~ 700
몸조직발육	제1,2위(3~8~13)	←	—	→		
몸조직발육	골격(4~5~11)	←	—	→		
몸조직발육	살코기(3~11~18)	←	—	—	→	
몸조직발육	내장지방(11~16~21)			←	—	→
몸조직발육	등심지방(13~19~24)			←	—	→
발효사료	TMF(kg)		3 ~ 5	5 ~ 9 (12)	9 ~ 10 (13)	10 (무단 급여)
발효사료	배합사료(kg)	0	1 (육성비육)	1 (비육전기)	1 (마블링)	1 (마블링)
조사료	건초(kg/일)		2	1.5 ~ 2		
조사료	볏짚(kg/일)		1	2	1.5 ~ 3	2 ~ 1.5
사양관리	중점사항	스트레스 회복 환경적응 구충제,안정제, 항생제	조사료 중점사양	정육량 극대화	지방침착 쾌적환경 (바닥, 물)	근내지방 극대화 (쾌적한 환경)
사양관리	단계별관리	우수송아지선택 바닥깨끗이 비타민제 투여	사료교체 (7일이상 서서히) 규정량 하루 2번 급여 조사료 떨어지지 않게 건초중심으로	TMF와 볏짚 혼합급여	TMF 자유급여 짚을 많이 급여 (간농양, 요결석)	도체 후 내장관리 확인 직접 발골해서 각 부위 확인
사양관리	일당증체량(kg)	0.7	0.7	0.8 ~ 0.9	0.8 ~ 0.9	0.6 ~ 0.7
사양관리	공통사항	① 5 ~ 6개월령에 거세를 실시한다. 조기거세는 근육조직이 조밀하다. 구입시 꼭 거세한다. 오래두면 스트레스를 두번 받는다. 회복기간은 17일 ~ 30일이다. ② 6 ~ 13개월령, 7개월간 조사료 위주로 급여하여 배통을 최대한으로 키워 제1위를 튼튼하게 만든다. ③ 13~ 20개월령, 7개월간 물똥 쌀때 농후, TMF 급여 중단하고 비타민주사, 복합부스코판을 주사하고 볏짚 많이 준다. ④ 혹서기에 더위에 주의하여 우사 온도를 10~ 20℃로 유지한다. 25℃이상에 스트레스가 증가한다. 환기휀으로 더위를 가시도록 돕는다. ⑤ 혹한기에 호흡기 질환에 주의한다. 추우면 사료를 많이 먹고 성장이 느리다. ⑥ 사료조 80~ 90cm ⑦ 물은 항상 깨끗하게 육각수를 급여하고 겨울에는 따뜻한 물을 공급한다.				

송아지를 구입시에는 가급적 인근 지역에서 생산된 우량 송아지를 골라 구입하고 쾌적한 축사에서 타 우군과 격리시켜 사육하면서 건강 상태 등을 점검하며, 새로운 환경에 적응 시킨 후 사육할 축사에 입식한다.

우리농장에서는 사료연구뿐만 아니라 한우의 생리특성에 대해서도 파악하고자, 무언가 정상적이지 못한 송아지나 폐사된 소는 직접 해부 및 발골하며 원인을 분석하고 이를 사양관리에 접목하고 있다.

출하 적기 및 비육기간의 결정은, 농가의 사육기술 수준 및 개체간 차이가 있는점등을 고려하여, 개월령, 비육도, 증체량, 채식상태 등을 분석 검토하여 결정하는것이 바람직하다.

비육우의 사양관리

사육단계에 맞춘 발효사료의 급여

우리 농장의 경우, 도입기(4~6개월령)에는 2개월 정도 배합사료를 체중의 약 1%분량으로 급여하고 있으며, 육성기(7~12개월령)에는 근섬유 발달 및 지방전구 세포수 증식을 위해, 조사료 위주로 볏짚보다 건초, 티모시, 알파파 등을 급여하여 위를 튼튼히 하고, 배통을 크게해 주고 있으며, 자동목걸이(스탄촌)을 설치한다.

조사료를 적게 주게되면, 제1위 부전각화증, 방광 속 결석및 간 농양, 궤양 등의 질병이 발생할 가능성이 높아지게된다.

비육전기(13~16개월령)에는 미네랄, 비타민, 아미노산 조절에 의한 지방세포수와 지방세포분화 촉진을 유도하기 위해, 사료를 극대화하면서 비타민 A함유가 적은 것을 급여하는것이 바람직하다.

개인적인 소견으로는 비타민A를 많이 급여할경우에는 세포벽을 활성화해주기 때문에 근내지방 침착에 영향을 주게되며, 상피세포의 분화를 촉진하고,지방분화 를 억제하게된다.

참고적으로 비타민A의 급여량은 육성기시에는 0.3%, 비육 전기시에는 0.1% , 비육후기시에는 0.1~0.2%가 적절하다.(자가 배합사료 제조시)

비육후기에는 지방세포분화를 촉진하기 위해, 14개월령 이후 발효사료와 볏짚만 급여하며 마무리까지 진행한다.

비육후기에는 지방이 너무 많이 증가하지 않도록 옥수수의 양을 줄이고 단백피양을 늘려준다.

송아지를 생산해야하는 번식우의 경우 직접 만든 발효사료 TMF에 종합비타민제를 넣어 영양을 반드시 챙긴다.

성장단계별 조사료 투입 비율(TMR 급여시)은 육성기에는 40%, 비육전기에는 25%, 비육중기에는 15%, 비육후기에는 9%이내가 적절하다.

육성기 단계(생후6-12개월)의 중요성

소의 골격을 키우고 증체율을 높여야하는 육성기때는, 들어가는 원료에 신경을 쓴다.

육성기에는 배합 사료를 제한하며, 조사료를 무제한 급여하여 골격과 소화기관이 충분히 발달 되도록 키워야 출하체중 증대 및 육질의 개선을 꾀할 수가 있다. 이는 차후에 등심 단면적과 관련이 있으며, 처음부터 발효사료는 급여하지 않는다.

육성기에는 배합사료보다, 양질의 조사료를 많이먹여서, 배통을 키워두고 위를 튼튼히 해두어야 등심의 단면적이 커지게된다.

또한 비육후기시 랩틴호르몬이 적게 나오게 되어 입다듬을 하지 않고 끝까지 사료를 잘 먹게되며, 랩틴호르몬이 많이 나오게되면 내장지방이 끼기 때문에 질병에 대한 저항력도 약해지는것이다.

참고적으로 육성기때 조사료를 많이 급여게 될 경우에는, 수종을 막을 수도 있다.

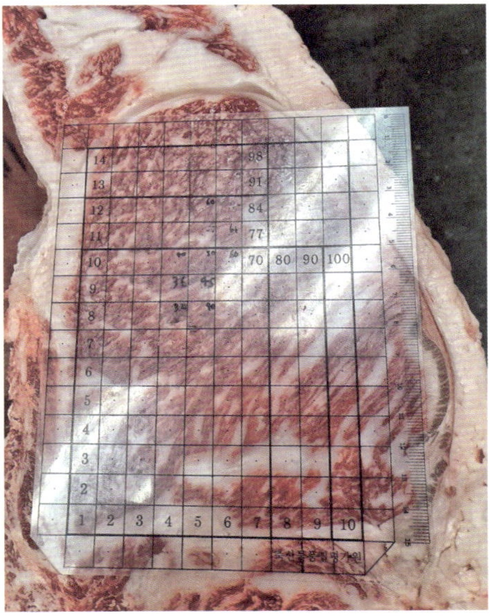

생 체 중	1,115kg
도 체 중	645kg
등지방두께	12mm
배최장근단면적	169cm²
근내지방도	9++
등록번호	228601000
개체식별번호	002109448554

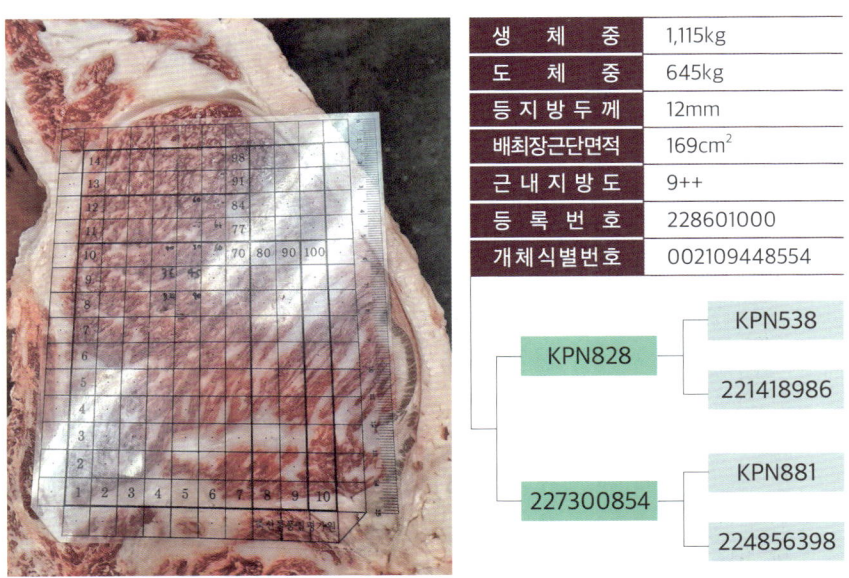

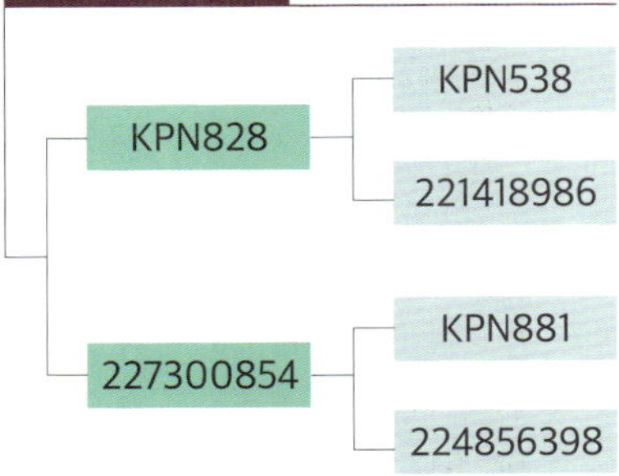

육성기때 양질의 조사료를 충분하게 급여하지 않았을 경우에는, 다음과 같은 부작용이 발생하여 질병의 원인이 된다.

1)심장에 지방침착이 발생한다.

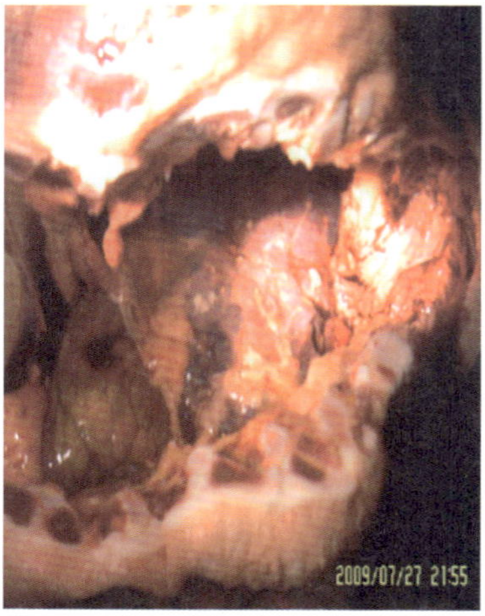

2) 제1위 내부에 융모가 미발달한다.

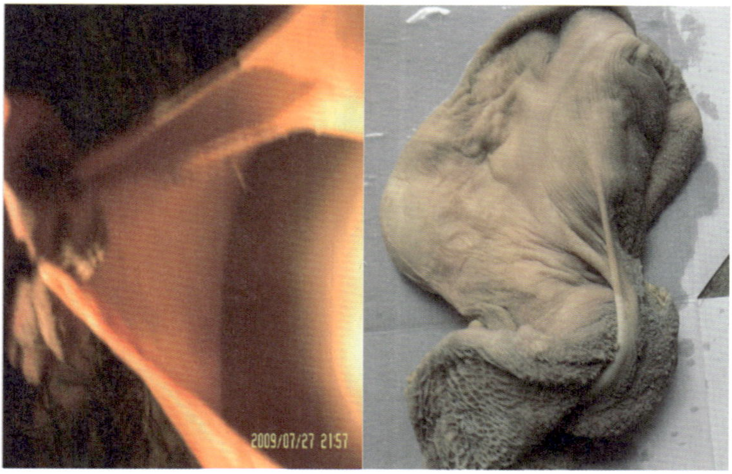

생후 1개월령부터 10개월령까지는 양질의 조사료로 티모시,알파파,클라인을 급여하고 있으며, 2개월령에서 6개월령까지는 어린 송아지사료를 자유 급여한다. 이유는 4개월령에 실시하고 있으며, 수송아지의 경우 거세는 5~6개월령에 하고 있다.

거세시기는 입식 후 건강상태와 수송거리에 따라 다르나 되도록 빨리 실시하는것이 바람직하다. 생후 5~6개월간에 조기거세를 할경우, 근육조직이 조밀해지고 고급육 생산율이 높아졌으나, 생후3개월 이전에 거세시에는 요결석 확률이 높아지게된다.

생후 7개월 이후에 늦은거세를 할경우가 있다. 저희 농장에서는 9개월령에 거세를 해서 32개월을 사육해 출하 실험을 해본결과, 체형은 크나 육질이 좋지 않고, 근육조직이 굵어지며, 마블링 침착 기간이 길어지는 단점이 발견되었다.

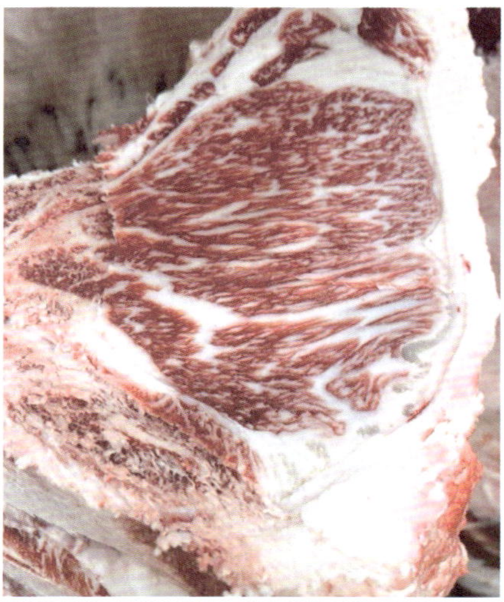
늦은 거세 시

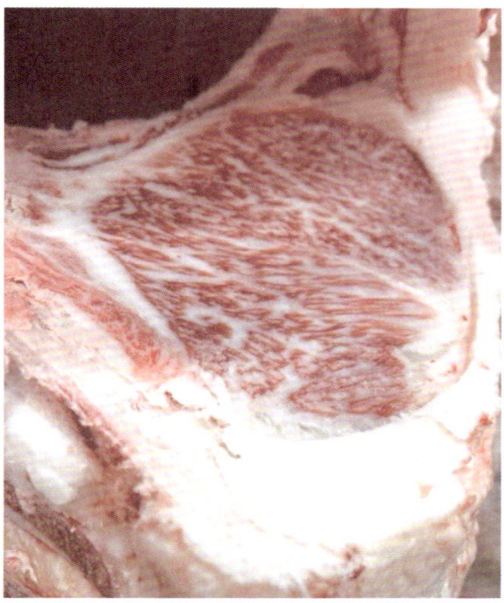
조기 거세 시

이후 거세우는 발효기에 비지박·단백피·맥주박· 파쇄 옥수수·파쇄 보리·면실 펠릿·주정박·맥강·장유박·기장피·규산염·중조·소금·칼슘과 직접 배양한 유용 미생물을 성장 단계별 배합비에 맞춰 넣고, 45°C에서 2시간 발효 교반하고 나서, 다음날에 다시 5-10분간 교반하여 10시간 이후에 급여를 하고 있다.

사료의 급여량은 7개월령에서 10개월령까지는 하루에 육성우사료 4kg과 자가 육성우TMF사료 2kg 을 섞어 먹이면서 발효사료에 대한 적응 기간을 갖게하고 있다.

11개월령부터 16개월령은 자가 비육전기 TMF사료를 하루 12~14kg 급여하고 있으며, 특히 고급육 생산을 위해 비육전기에는 비타민A를 제한 급여하고 있다. 17개월령에서 27개월령은 자가 비육후기 TMF사료를 14~16kg, 28개월령부터 출하할 때까지는 마무리 TMF사료를 16kg 급여한다.

이렇게 함으로써, 지금까지 약500두 이상의 한우를 출하한 결과 2등급은 단 1두에 불과하였으며, 모두 1등급 이상의 등급을 받게 되었다.

참고적으로, 생콩은 조단백이 최고로 높으며, 콩속에는 트립신 인히비터 물질이 있어 단백질의 흡수를 방해하기 때문에 필히 삶아서 급여를 해야한다.

도축장 출하시 근출혈이 높게 나오는 이유에 대해서는 여러가지 원인이 있겠지만, 개인적인 생각으로는 고급육을 만들기 위해 비타민A를 과도하게 억제함으로써, 비타민A,E,셀라늄 결핍으로 근육 세포벽이 제대로 발달이 안됨에 따라, 적은 충격에도 모세혈관이 파괴되어 근출혈이 많이 발생하는 것으로 사료된다.

지방의 침착에 대하여

미세 마블링을 만들기 위해서는 다음사항에 유념해야한다.

거세시기의 차이에 따라 혈중 웅성호르몬의 농도가 다르게 나타난다는 점이다.

즉, 이른 거세(생후6개월령 미만)시에는 웅성호르몬 농도가 낮으며, 늦은 거세 (생후 8개월 이후)시에는 웅성호르몬 농도가 높게 나타나게 되는데, 그러므로 근육조직과 연관이 있는것이다.

지방이 침착되는 순서는, 8개월령까지는 골격, 7-9개월령은 복강지방, 9-12개월령은 근간지방, 14-17개월령은 근내지방(자리잡기), 19개월 이후에는 피하지방이 침착하는 순으로 진행이 된다.

지방과 근내지방

1) 복강내 지방은 7~9개월령에 형성된다.
에너지가 높은 사료를 급여시 등심 단면적이 작고 비육후기에 랩틴호르몬이나오기 때문에 입다듥이 빠르게 된다.

2) 근간지방은 9~12개월령에 형성되는데, 에너지가 높은 사료를 급여시 근간지방의 폭이 넓어진다.

태화한우농장

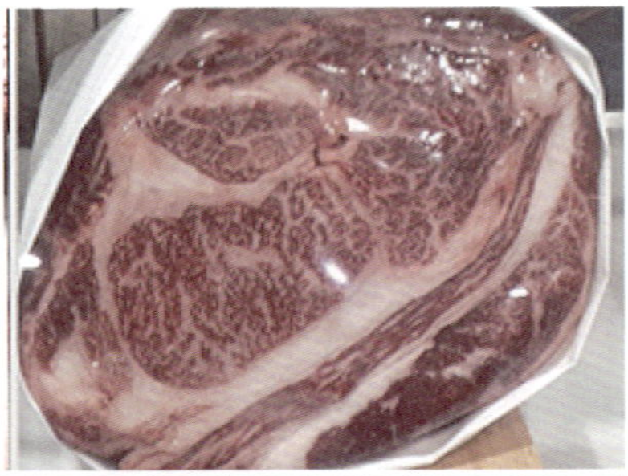
타 농장

태화한우농장의 한우는 다른 한우에 비해 근간지방의 폭이 좁게 형성되어 있음을 볼수있다.

3) 근내지방은 13~17개월령에 자리잡는다.
이때는 지방전구세포의 숫자를 최대한 증가시켜 두는 시기이다.

피하지방과 근내지방은 비슷한 시기에 발달하지만 비육중기에 피하지방을 발달시켜 두어도, 출하시기가 다가오면 줄어드는데, 그이유는 피하지방은 전구세포가 수명이 짧고, 노화되기 때문이다.

그러므로, 피하지방이 얇은 종자를 확보하고 있으면, 이러한 지방은 나중에 근내지방으로 전환될 가능성이 높다고 할수있다.(유전능력).

근내지방(마블링) 세포 수의 증가와 지방세포의 크기증가에 대해 알아보면, 반추위(제1위)내에서 초산, 낙산, 프로피온산 등의 휘발성 지방산이 생성되는데, 주로 에너지원이나 지방합성의 재료로 이용되며, 반추위 점막에서 흡수가된다.

근내지방 세포수를 증가시키기 위해서는, 조사료나 섬유로부터 생산되는 초산이 중요한 역할을 한다. 조사료인 볏짚에 포함되어 있는 초산(아세틱엑시드)은 피하지방(등지방)생성을 촉진시킨다.

그래서 볏짚은 적게 먹이는것이 바람직하며, 생후 27개월령부터는 하루에 1kg씩만 급여하는것이 좋은것으로 사료된다.

또한 프로피온산(비타민 B12, 코발트성분 함유)은 근내지방(마블링) 생성을 촉진시키는데, 이는 면실박에 0.82mg/kg, 비트펄프에 0.23mg/kg, 대두에 0.02mg/kg 정도가 함유되어있다.

지방세포 크기의 증가는 전분으로부터 생산되는 프로피온산과 관계되는데, 근내지방이 차야하는 비육후기 때 중요하다.

그러므로 생후 6~12개월(육성기)때는 양질의 조사료를 무제한으로 급여하여, 뱃고래를 키우고 반추위의 발달을 유도하되, 배합사료는 체중의 1.5%를 넘지 않게 급여함이 바람직하다.

근내지방의 섬세화 전략은 다음과 같다.

유전형질을 가진 암소와 육질형 정액을 사용하고, 육성기 때 양질의 조사료로 근섬유 발달과 지방 전구세포수를 증식시킨다. 비육 전기 때 무기질 및 비타민 조절에 의한 지방세포수와 지방세포분화의 촉진을 유도하며, 비육 후기 때는 지방세포의 침착을 촉진시킨다.

지방 교잡의 형성이란, 근육내 지방조직의 증가와 지방세포수의 증가를 의미하는데, 이는 지방세포에서 지방축적에 의해 초래가된다.

지방세포수의 증가에 도움이되는 양의 인자는 에너지, 비타민C, 비타민B6,비오틴(장내세균에 의해)등이고, 도움이 안되는 음의 조절인자는 비타민A,D등이다.

양의 인자를 증가시키기 위해서는

1) 에너지 사료섭취량을 높게 유지하고

2) 비타민C, 칼슘제가 부족하지 않게 하며

3) 비오틴, 망간, 코발트 등을 축적시키고

4) 스트레스를 최소화 시키도록한다.

즉, 비타민- A,D는 혈중농도를 저하시키고, 비타민-B6,C,비오틴은 혈중농도를 증가시키고 높게 유지시킨다.

지방세포에서의 지방축적은 탄수화물,당류 등 에너지사료 급여시, 췌장에서는 Insulin Hormone이 나오고, 위에서는 Ghrelin Hormone이 나와 지방을 축적시키게된다.

반면 육성기 때 조사료를 적게 먹이면 후기 때 Leptin Hormone 이 나와서 사료 섭취율이 떨어지게 된다.(조기입다듬)

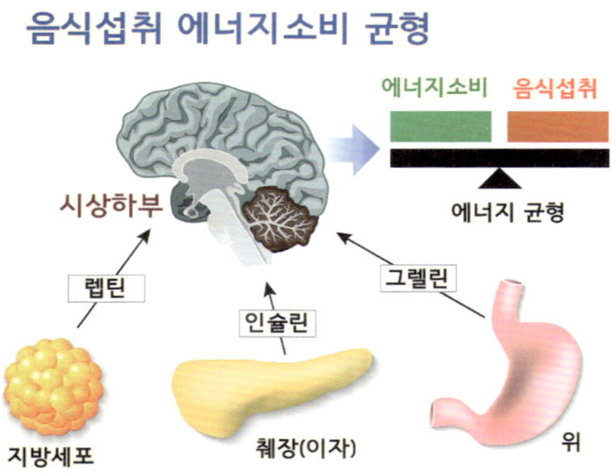

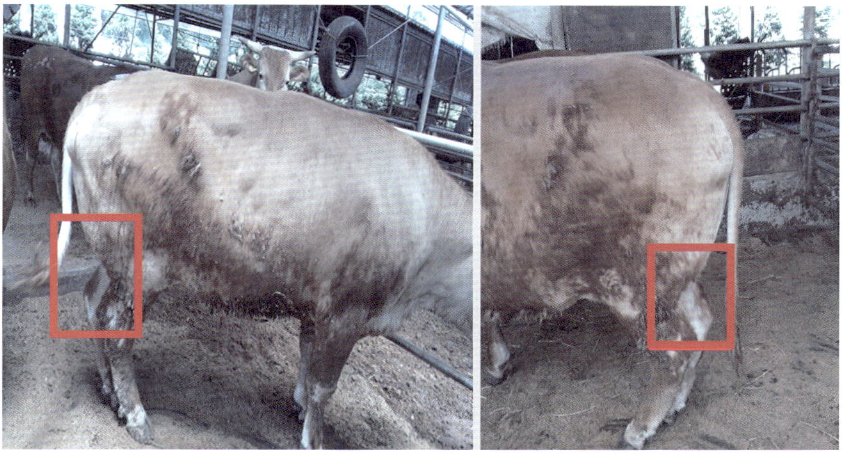

한우와 호주산의 교잡종의 경우, 종다리가 많이 들어가 있는데,
이는 근내 지방 침착이 부실함을 보여준다

피하지방(육량C)이 생성되는 원인

1) 유전적인 원인 (유전능력)

거세는 생후 6개월 전에 실시함이 바람직하다. 생후 8개월 이후에 거세를 하면 비거세의 경우처럼 근육조직이 굵게 형성되어 근 조직과 조직 사이의 마블링이 굵게 형성 때문에 등급과 관련이 있고 근간지방이 넓어지게된다.

후기 때 TDN(열량)이 높은 사료(옥수수, 쌀, 보리)를 급여하면, 피하지방이 두꺼운 C등급이 발생하는데 그이유는 '거세시기와 배합사료의 성분' 때문이 아닐까 생각한다.
대부분 한우농가의 마블링 사료를 보면 옥수수가 너무 많다는 생각이 든다.

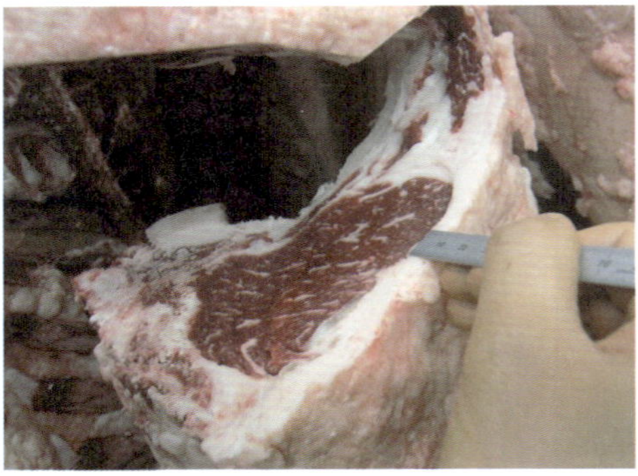

30-32개월령에 출하함이 적기인데, 장기비육시에는 피하지방이 두꺼워지게된다.

거세우의 육량 C등급 출현율 증가의 원인은 도체중 증가에 따른 등심단면적 크기 증가보다, 상대적으로 등지방 두께가 더 많이 증가한 것으로 나타나, 육량 C등급 출현율에 기여하는 것으로 나타남 (도체중 증가분은 정육이 아닌 지방량)

C등급이 많아 고민하는 농가라면, 우선 등지방이 선천적으로 두꺼운 형질의 경우에는 개량을 통해 개선하고, 비육후기 사료의 양을 조절해 등지방이 두꺼워지는 것을 방지해 주는 것이 바람직하겠다.

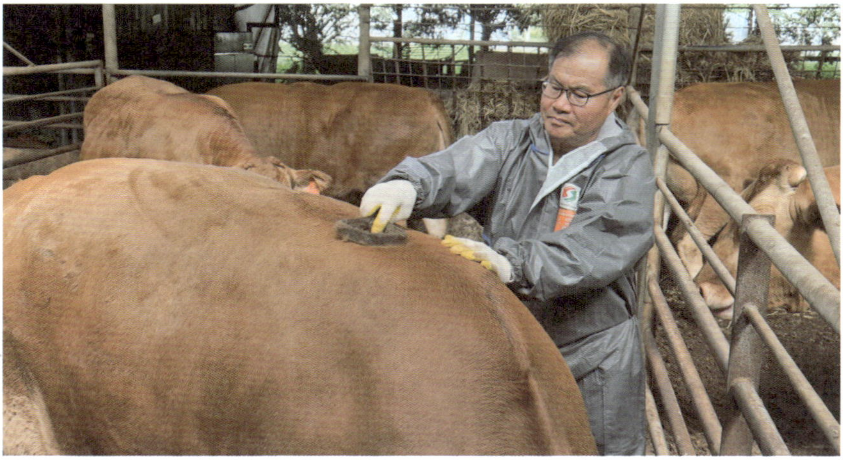

번식우의 사양관리

암송아지 : 이유부터, 수정 > 분만 > 송아지 육성 과정

1) 암송아지는 4~5개월령에 이유를 하고,

2) 4~6개월령부터는 3~4kg 정도 농후사료와 양질의 조사료를 급여한다.

가) 융모 발달을 위해서는 몰라릭스(송아지 블럭)의 급여를 권장한다.

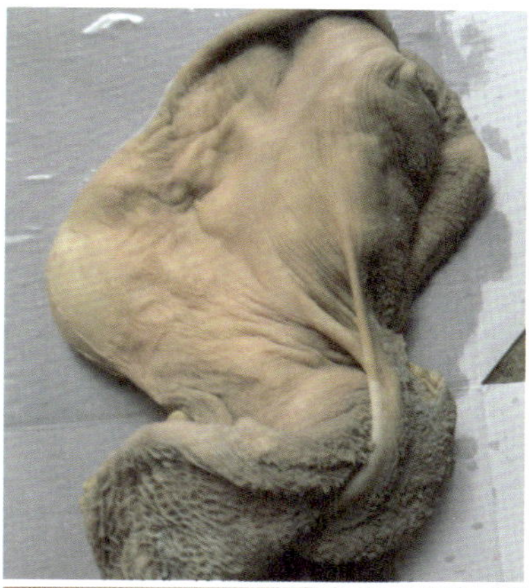

소 제1위

3) 6~12개월령의 사양관리

가) 과비 되지 않게 농후사료를 일일 2.5~3kg 급여한다.

나) 조사료를 일일 4~5kg 충분히 급여한다.

다) 초임분만 후 젖이 부족하거나 나오지 않는 이유중에는, 이 시기가 유선이 발달하는 중요한시기 인데, 농후사료를 과하게 주게되면 살이 찌게됨에 따라 젖이 부족하거나 나오지 않는 증상이 나타나는것이다.

라) 비타민제 및 미량 원소가 부족하지 않도록 블록으로 공급을 해야 한다.

마) 미량 원소가 부족하면 원시난자 성숙이 부족하여, 수태율에 많은 영향을 줌으로 사양관리에 각별한 주의를 요한다.

바) 체형상 참고할 사항은, 목 아래쪽 융선이 굵고 피부가 얇게 형성되도록하고, 미침은 생기지 않게 관리해야한다.

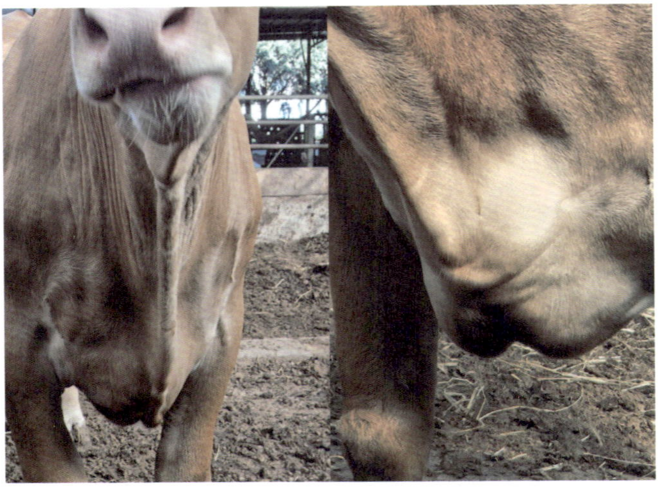

4) 13~16 개월령의 사양관리

가) 수정시기가 되므로 발정관찰을 잘하여 수태율을 높일 수 있도록 해야 한다.

나) 미경산우는 발정 발견 후 24~30시간 후 수정을 하고, 경산우는 발정 발견 후 12~16시간 후에 수정을 하는것이 바람직하다.

5) 발정주기인 21일 이전에 재발정이 왔을 경우, 그 원인은 위에서 언급한 수정적기보다 빠르거나 늦게 수정을 했기 때문이다.

가) 이에대한 처방은 난포발달 상태를 확인하고 수정시기를 조정한다.

나) 배란촉진제의 사용 여부는 미량원소(포스포산) 주사제를 검토후에 결정한다.

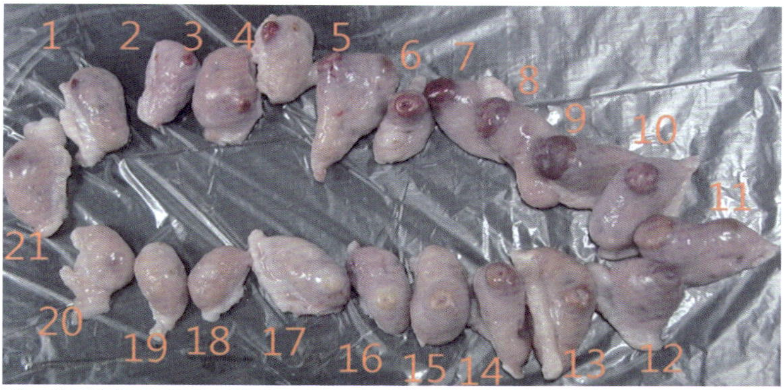

발정주기 (난소: 난포, 배란, 황체, 황체퇴화)

6) 발정주기(21일) 기준으로 21일 이후 재발정이 왔을 때의 원인은 다음과 같다.

가) 황체의 힘이 부족 시

나) 자궁 내 오염이나 염증이 있을 경우 배아 사멸로 발정이 온다.
이때 처방은 비타민 ADE3, Fe, Ca, Mn, Se, Co, I등을 충분히 공급하고(블록), 주사제는 미량원소(포스포산2.5cc/100kg)를 수정전후에 주사한다.

다) 수정 후 배란이 되고 나면, 자궁내막염 및 오염된 것을 처치하는 "메트큐어"를 발정이 온 쪽에다 주입한다.
수정 7일후에 큐메이드나 사이드플러스 등을 질에 주입한후 15일후에 제거하면 수태율이 향상된다.

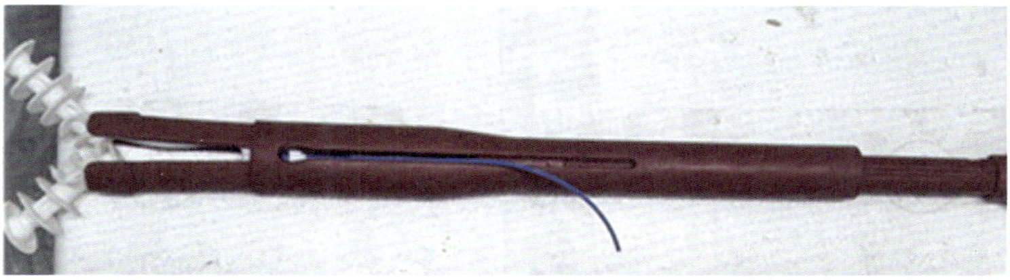
큐메이드

7) 임신 감정 후

가) 임신후기(임신 7~9개월사이)에 송아지가 급격하게 성장하므로, 임신우에게 사료섭취량을 증가시켜 급여하는데 분만 2개월 전에 10%를 증가시키고, 분만 1개월 전에 20%를 증가시킨다.
따라서 BSC개체에 따라 더 증감을 해야하는것이다.

나) 분만 2개월 후에는 정상사료를 급여한다.

다) 비타민제(아도헬스,플라즈마), 미량원소(프로민6), 효모, 포도당 혼합하여 일 60~80g정도 드레싱 해 주면 다음 임신에 많은 도움이 된다.

라) 분만 6주~4주전에는 비타민제(비칸톨), 설사백신, 호흡기백신을 접종하여 분만 후 건강하게 육성 할 수 있도록 관리해야 한다.

8) 송아지 분만 후 관리요령

가) 최대한 빠른 시간내에 초유를 먹을 수 있도록 관심을 기울이고, 특히 우사 바닥 관리를 잘하여 유두부분이 오염되지 않게 한다.

나) 만일 오염이 되어 있으면 깨끗하게 청소해준다.

다) 분만 후 1~3일 사이에 설사예방에 필요한 에너지, 미량원소를 적정함량경구 투여 해준다(포르티 부스터칼프 or 콜로 - A를 1개씩 급여)

플래보스업

송아지 설사에 대하여

설사는 조기 치료가 중요함으로 매일 송아지 상태를 관찰 하고, 발견즉시 플래보스업을 급여해야한다.

송아지 설사의 이유

어미 젖의 성분이 단쇄지방산이냐 장쇄지방산이냐 하는것이 중요하다. 이중에서 단쇄지방산 우유가 송아지의 소화율을 높여 주므로 어미소의 분만 전 후 양질의 조사료와 농후사료 급여의 증가를 통해서 참 젖(단쇄지방산 우유)이 나오도록 관리하여야 한다.

어미 젖의 양의 부족을 예방하기 위해서는 암송아지의 육성기 때 (6~11개월) 유선을 충분히 발달시켜두게 되면, 참젖이 나오고 부족함이 없게된다.
젖이 부족하면(미량원소 기타 등) 송아지가 우사바닥의 우분 및 기타 이물질을 먹게 된다. 이러한 불순물을 소량 섭취시에는 장염이나 연변이 보이고, 많이 섭취하게 되면 장염이나 연변이 심해지며 장 점막이 이탈되어 변으로 함께 배출되면서 심하면 폐사에 이르게된다.

따라서 젖 부족현상을 조기에 발견하는것이 중요한데, 피똥 발견시 장점막 보호 및 지혈에 도움을 주는(올군-인체약임) 알약을 일일 2개 경구투여(심하면 2회) 하여 치료한다.
항생제, 올군, 지혈제, 포르티뷰스터 칼프, 플래보스업 등을 적절히 사용하고, 1~3일동안 절식을 시키면서 상태를 관찰하며, 치료한다.

젖의 양이 부족하여 송아지가 우사바닥의 우분이나 이물질을 섭취하기 전에 송아지 사료 및 물을 거치하여 빨리 먹을 수 있도록 하고, 더불어 미량원소의 섭취량이 부족해도 우분 및 이물질를 섭취하므로 사전에 포르티부스터칼프 or 콜로 - A를 경구투여하여 설사를 예방 해야한다.

* 성장에너지, 미량원소, 전해질, 기타

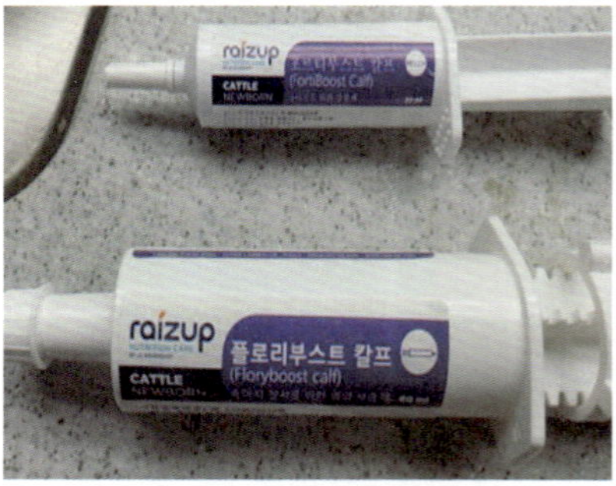

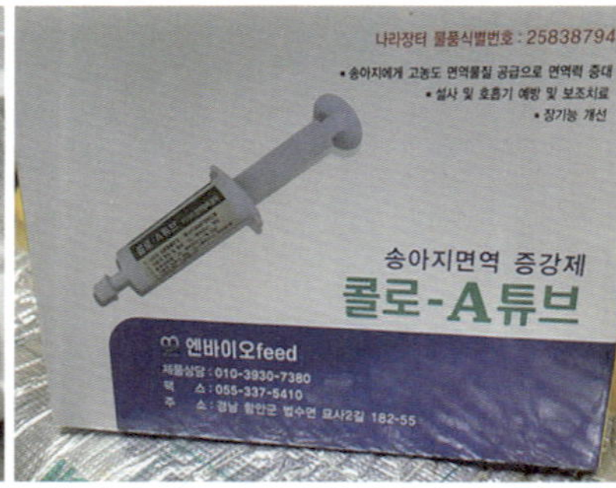

포르티뷰스터칼프 (프랑스산 송아지 강장제), 콜로- A튜브(국산 송아지면역 증강제)

송아지의 설사 치료가 잘 안될 경우에는 다음과 같은 조치를 취한다.

1) 피똥 지혈이 안될 경우

2~3일이 경과 후에도 지혈이 안될 경우에는 구충제, 지혈제를 주사한다.

2) 헤어볼(건초볼, 왕겨볼)이 위 구멍을 막아서 변을 못 볼 경우에는, 폐사에 이르게된다.

이를 예방하기 위해서는 분만 후 10일 전후부터 입붙이기 사료와 물을 준비하여 급여한다.

3) 과산증(젖을 소화 못하는 경우)

어미 및 송아지에게 중조 블록을 설치하여 과산증을 예방한다.

태반 정체시 처치요령

1) 평소에 태반 정체 예방요령

V-ADE3, Se, Cu, Mn, I, Co 등이 부족하지 않도록 블록을 달아 급여하고, 임신 말기에 이를 먹여야한다.

분만 2개월 전부터는 평상시 급여량에 10%를 증가하고, 분만 1개월

전에는 20% 를 증가하여 급여하며, 임신우의 BCS(Body Condition Score)가 2.5미만인 경우에는 50%를 증가한다.

2) BCS가 2.5~3사이를 유지하도록 평상시 소 상태를 점검하면서 사료량과 조사료를 충분히 급여하여야 한다.

3) 난산시에도 태반정체가 많이 발생하므로 위와 같이 관리하면 된다.

4) 연중 네오비타 린칼(칼슘제)을 5Kg/1ton 비율로 혼합급여한다.

5) 모기가 생기기전인, 봄철(3~4월)에 아까바네 백신을 접종하여 분만시 난산을 예방한다.

6) 태반 정체시
어미 사료의 섭취량이 정상일 때 PG(루텔라이스 리프로라이스)5cc를 근육주사하되, 1주일 간격으로 2회 주사하여 자연배출을 유도한다.

7) 어미가 사료섭취량이 부족하여 소가 처지는 경우(기력이 없을 때): 질쪽으로 손을 넣어서 태반정체 부산물을 배출하고 세척도 겸하면서 PG주사(5cc)를 하고, 항생제(PPS)와 해열제를 병행하여 조치 후 관찰한다.

8) 패혈증을 예방하기 위해서는 항생제를 사용한다.

난산 분만사고 예방 및 조치 요령

1) 난산의 90%가 아까바네 바이러스 감염에 의한 분만사고이기 때문에, 모기가 출현하기전인 4월경에 아까바네 백신접종을 실시해야한다.

2) 질탈 밀 자궁탈의 원인과 예방.

가) 평상시 과비로 인한 내장지방 축적으로 질탈이 나타나고, 분만시 심한 복압에 의해서 자궁탈로 이어진다. 또한, 황체의 힘이 약하면 동일한 현상이 나타난다.

나) 황체호르몬에 미치는 미량원소는 비타민, Se, Cu, Mn, I등이 있는

데, 이를 충분히 공급해주어야 하며 주사제로는 포스포산을 사용한다.

3) 네오스포라 원충에 의한 임신말기에 유산, 사산 발생

가) 숙주(개)이므로 개방목 금지

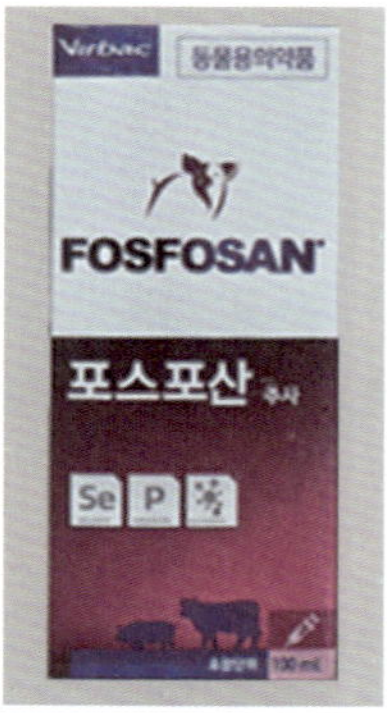

포스포산

한우 사육기간 단축에 대하여

현재 정부에서는 한우사육 기간 단축을 권장하고 있다.

이는 평균 사육기간인 30개월령을 24~26개월령으로 단축함으로서, 사료비용을 약32%절감하고, 온실가스 배출은 약25% 감소한다는 취지의 정책이다.

즉 유전 개량과 사양기술 혁신, 맞춤형 사료 개발을 통해서 24~26개월령에서도 맛좋은 1++등급 생산이 가능하다는것이다.

그리하여

1) 농가의 수익성을 높이고

2) 농가와 소비자의 상생을 도모하며

3) 국제 경쟁력을 강화할수 있다는것이다.

우리의 한우에는 고유의 맛이 있다. 담백하고 고소한 맛이 특징인데, 소고기의 고소하고 담백한 맛은 지방속에 들어있는 올레인산(불포화 지방산, $C_{18}H_{34}O_2$)때문이다. 그런데 한우는 만숙종이기 때문에 푹 있어야 제 맛이 나는 것이다.

그러나 저의 생각으로는, 현재 정부에서 권장하는 24~26개월령으로 사육기간을 단축한다면 이유가 어떻든 간에 한우의 맛이나 수입소고기의 맛이나 별 차이가 없게될 것이다.

왜냐하면 소고기의 맛은 불포화 지방산인 올레인산이 얼마나 포함되어 있느냐에 따라 맛에 차이가 나게된다. 올레인산은 일본화우가 50.2%, 한우가 48%, 미국산은 42.5% , 호주산은 31.6% , 뉴질랜드산은 31% , 젖소는 27%가 함유되어 있으므로, 만약 이런저런 이유로 한우를 24~26개월로 사육 단축한다면 우리한우의 고유의 맛은 사라지기 때문에 값이 저렴한 수입 소고기를 국민들은 선호하게될것 이다.

저의 생각으로는 이런저런 이유로 단축사육을 하느니, 일본처럼 사육기간은 그대로 유지하면서 사육 두수를 감축하는 것이 어떨까 하는 생각이 든다. 정부정책대로 한다면 송아지 가격은 계속 상승세로 갈 것이며, 한우 사육 두수는 줄지 않을 것으로 생각이 된다,

이네 한우농가가 살아남는 방법은 충분히 숙성된 개체에서 고유의 한우 맛이 나게됨에 따라, 완성된 제품(물건)을 생산해야 소비자가 외면하지 않

으면서 계속해서 찾을수 있게 될것이다.

즉, 충분히 숙성된 개체를 도축해야 한우를 최고의 품질로 소비자에게 공급할수가 있는것이다.

참고적으로 2분할 수정방법을 소개하면 다음과 같다.

표1 2분할 수정방법 준비물

KPN정액(질소통)	스트로우(한우)	피펫팁(200㎕)	주입기	시스(P/T빨대)
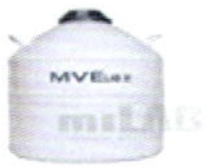			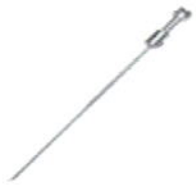	
소독용 에탄올	**칼**	**커터기**	**융해통(컵 등)**	**온도계**
				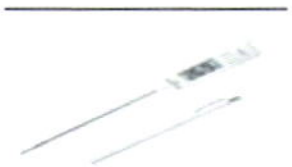

1) 피펫팁을 ½로 절단해서 빈 스트로우에 끼움

2) 개체에 맞는 KPN을 준비

3) 융해통(38℃) 세팅

4) 스트로우는 신속히 반으로 절단

5) 남은 반은 녹기 전 질소통에 보관

6) 사용할 스트로우는 자른면이 피펫팁의 큰 구멍 쪽에 꽂음

7) 융해통에서 25초 동안 융해

8) 융해 된 스트로우의 막힌 끝 쪽을 커터기로 잘라 빈 스트로우 쪽으로 넣음

9) 주입기에 장착 후 발정개체에 주입

제5장

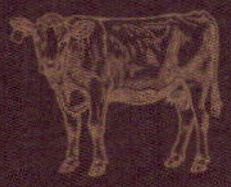

철저한 사육환경관리

제5장 철저한 사육환경관리

소의 관점에서 설계된 축사 구조

저는 소를 중심으로한 축사를 설계하면서, 수없이 생각하고 꿈꾸던 아이디어를 쏟아 부었다. 남들과 달라야 최고의 소를 키울수 있다는 확고한 신념을 그대로 축사에 녹아들게한것이다.

축사를 직접 설계하면서 소가 스트레스를 받지 않는 환경 조성, 악취 저감, 위생에 초점을 맞춰 쾌적한 환경을 유지함으로써 최고 등급의 한우를 생산해낼수 있는 기반을 조성해 내고자 하였다.

꽉채우지 않고 비운다

전체 3000평이 조금 넘는 부지에 축사가 차지하는 면적은 700여평. 이 정도 면적이라도 한우 200마리는 너끈하게 키울 수 있다. 하지만 태화한우농장의 소마릿수는 120여마리. 많아야 130마리정도를 키운다.

소를 많이 넣으면 우선 환경관리가 어려워진다. 그러나 공간이 넉넉하게되면 소들도 스트레스를 거의 받지 않다 보니 출하성적이 좋아져 가격도 높아지기때문에. 굳이 많이 키울 이유가 없다. 여기에 우리농장의 자가배합사료도 냄새저감뿐만 아니라 사료비 절감에도 큰 역할을 해 주고 있기 때문에 지금이 제일 적정수준인것이다.

좌우 자동개폐 지붕

개폐식인 우사지붕을 해가 지는 경로를 확인하여 상하로 열리는 것이 아닌 좌우로 열리도록 설계하여 햇빛이 최대한 많이 들어올 수 있도록 하고있다.

이렇게 해서, 소가 햇빛을 충분히 받으면 비타민D가 풍부하게 생성되어 번식률이 높아지고, 뼈가 튼튼해지며, 면역력도 올라가게 되는것이다.

우사천정에서 햇볕이 골고루 들어오니 바닥의 습기가 잘 말라 뽀송뽀송하게 유지할수가 있으며, 냄새를 잡는 한편, 소에게도 안락감을 주게된다.

소를 자식처럼 생각하며 키우기

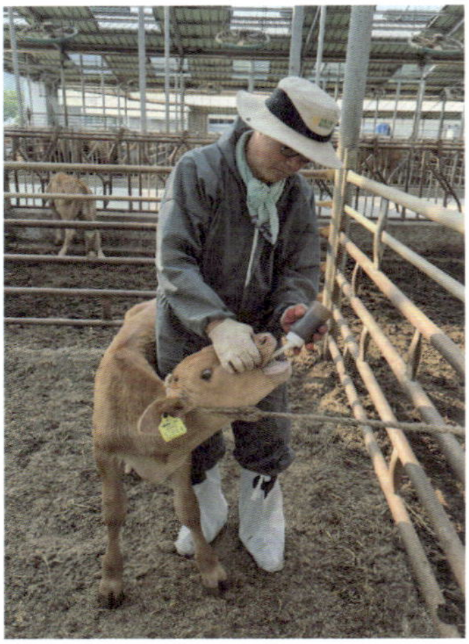

명품한우를 만들기 위해, 무엇보다도 가장 중요한 것은 소에 대한 애정이다. 저는 소들이 행복한 농장을 지향한다. "무엇이든 소를 중심으로 생각한다. 소를 향한 짝사랑이라고 할정도로 항상 소의 입장에서 불편한것이 무엇일까를 생각해서 반영하고 있다.

소들을 애정을 가지고 다루면 자연히 온순해지고 스트레스도 덜 받는다.

저의 아내 또한 틈만 나면 소들 앞에 앉아 있다가 수시로 사료통과 주변을 빗자루로 쓸어준다. 이렇게 사료통을 자주 쓸어주면 소들이 사료를 하나도 남김없이 싹싹 비워내 항상 신선한 사료를 먹을 수 있기 때문이다. 늘 소 곁에 있다 보니 각각의 소들에게 조금만 이상이 생겨도 바로 바로 해결한다. 이것이 바로 우리농장의 가장 큰 숨은 비결이다.

저는 축사하면 떠오르는 더럽고 냄새가 난다는 선입견을 바꿔보자는 30여년동안한결같은 노력을 기울여, 소나무, 주목나무, 단풍나무, 벚나무, 은목서 등 300여 그루의 조경수를 가꾸어 숲속처럼 보이는 경관을 조성하였다.

위생적인 환경, 기본적인 것에 충실

또한 제가 생각하는 최고의 한우 생산 비결은 기본과 원칙에 충실한 사양관리이다. 그중에서도 첫 번째 기본 원칙은 '청결'이다. 1997년 처음 한우 사육을 시작했을 때 부터 저는 깨끗한 환경으로부터 안전하고 품질 좋은 한우고기가 탄생된다는 철학을 지켜왔다. 때문에 농장에는 거미줄 하나 없이 청결을 유지한다.

매일 아침 제가 시행하는 작업의 패턴이 있다. 물통을 세척하여 소에게 물을 먹인후, 바닥청소를 하고 사료를 먹인다. 아침 6시부터 밤 10시까지 하루 평균 12시간 이상을 소와 함께 지낸다. 수십년을 해오니 몸이 스스로 패턴을 따라 움직이게된다.

소들이 스트레스를 받지 않도록

소들이 스트레스를 받지 않도록 해 주는 것이 매우 중요하다. 소들이 스트레스를 받으면 좋은 육질이 나올 수 없기 때문이다.

소가 서있는 시간 만큼 에너지가 소모되기 때문에, 서있는 시간을 최소화하기 위해 바닥을 항상 깨끗이 유지해주고 있다.

무엇보다 파리, 모기가 소에게 가장 큰 스트레스를 준다. 파리나 모기가 소를 뜯으면 잠을 못 자고 움직이게 되며, 움직이면 에너지가 그만큼 소비가 되는것이다. 그런 환경에서 좋은 소, 좋은 고기가 나온다는 것은 어불성설인것이다.

그러기에 파리, 모기가 생길수 있는 환경을 없애는것이 중요하며, 모기의 산란처가 되는 물이 고이는 곳이 없도록 해야한다.

이처럼 소가 편안한 환경에서 자라면 사료도 잘 먹고, 병도 덜 걸리는 효과가 있으며, 얼굴도 평온한 모습을 하게된다.

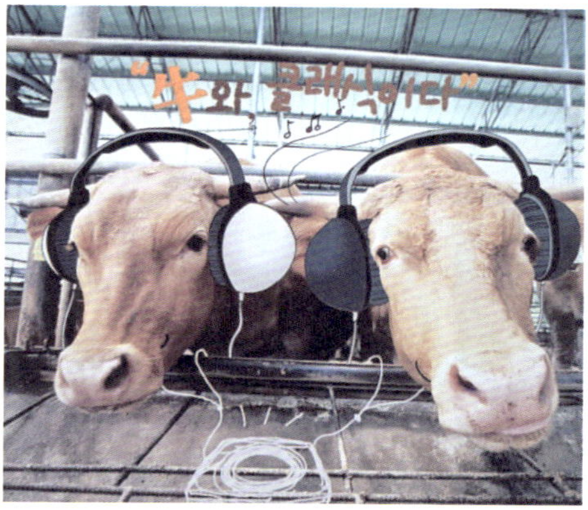

보통 소는 불안한 감정이나 욕구를 표현하기 위해서 '음매~~'하면서 길게 우는데, 우리농장의 소는 잘 울지 않는다. 그만큼 정서적으로 안정이 되어 있는것이다.

소의 생활온도도 송아지는 섭씨13~25도, 육성우는 섭씨 13~25도, 번식우는 섭씨 0~20도, 비우는 섭씨10~20도의 환경에서 생활토록 해주고 있다.

빗물떨어지는 소리등 소음 저감

소는 빗물떨어지는 소리에도 스트레스를 받는 예민한 동물이기에 축사 기둥 파이프에 시멘트를 가득 채워 빗물소음이 나지 않도록하고, 인부들이 이동하면서, 파이프를 건드려도 소들이 놀라는 일이 없도록 하고 있다.

또한 농장주변에 자동차의 소음차단막을 설치하여 차량이동 소음도 차단시켜주고있다.

또한 빗물을 받아서, 청소용으로 재활용하고, 빗물에는 미네랄성분등 유익한 성분이 많기때문에 농작물 재배에도 활용하고 있다.

축사 칸막이 잠금장치 개선

축사내 칸막이에 말뚝없이 고정하는 고리를 만들어 소들이 부딪힐때 충격을 완화시켜 스트레스를 받지 않도록했으며, 이 장치는 특허를 획득했다.

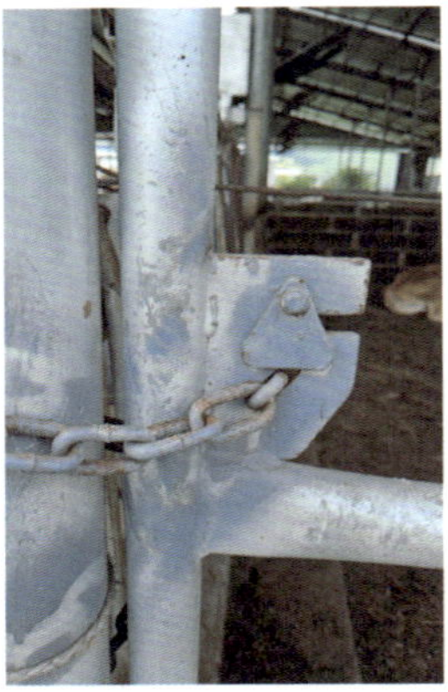

새들의 접근차단

새들이 사료조에 접근하여 새똥이 사료통에 떨어지면 질병이 발생할 수 있기때문에 새들도 오지 못하도록 하고 있다.

까마귀, 까치같은 조류의 배설물이 소에게 해로운 질산과 암모니아 같은 성분을 포함하고 있기 때문에, 새들이 앉지 못하도록 축사설계시 전선도 전부 지중화하여 땅속으로 가설하였다.

전선의 지중화로 새똥으로 인한 오염을 원천봉쇄

질산태질소는 녹도가 진한 건초나 새똥속에 많은데, 건초 2kg데 1g만 검출 되도 비타민A 54%가 자연 손실된다.(5,000,000IU→2,700,000IU로 감소). 기타 외부기생충 및 쇠파리 퇴치는 포스폰을 사용하면 효과적이다.

소들이 먹는 물도 육각수로

사료 섭취량을 좌우하는 물도 지하 40m에서 끌어 올린 신선한 자화 육각수를 먹이고있으며, 이온수 기계를 설치하여 사람도 먹을 수 있을 정도로 항상 깨끗한 물을 공급해주고, 음수조도 매일 아침, 저녁으로 하루에 두번씩 청소를 해주고 있다.

자화 육각수는 기존의 수돗물이나 생수와 달리 체내 흡수가 쉬울 뿐 아니라 체내에 필요한 미네랄을 효과적으로 공급해주며, 항산화 작용과 독소 제거및 면역력 강화 등에도 도움이 된다고 알려져 있다.

이런 자화 육각수를 소에게 먹이면 소화가 촉진되고 장내 유해균을 억제하며 유익균이 늘어나 가스 발생을 억제한다. 또 소의 성장 촉진과 면역력 증대는 물론 분뇨 냄새가 줄어 축사 환경이 깨끗해지는 효과도 기대할 수가 있다.

더불어 동절기에는 급수조에 히터를 넣어 소가 먹는 물의 온도가 섭씨 20~25도가 되도록 유지시켜주고 있다

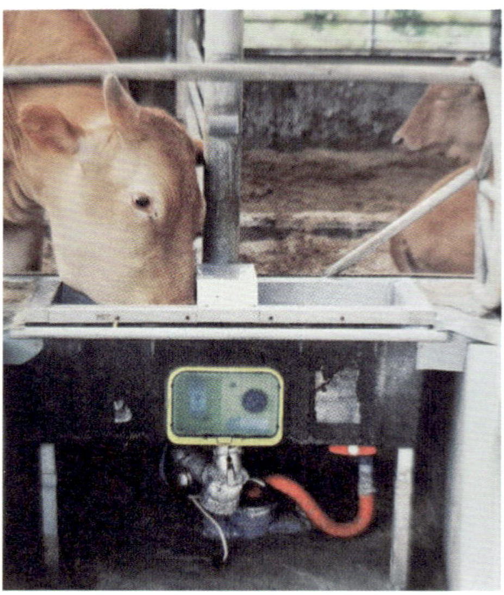

사료조의 관리

사료조는 앞에 턱을 만들어 우분이 없이 깨끗하게 유지하고 있으며,

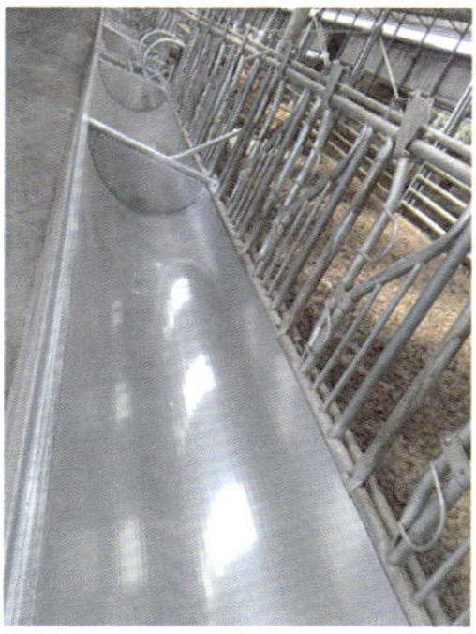

하루 2~3회씩 물통과 사료통 청소도 빠지지 않는다. 이렇게 '가장 기본적인 것에 충실하자는것'이 저의 청결 원칙이다.

또한 사료를 줄 때 바닥으로 사료가 떨어지는 것을 방지하기 위해 사료 운반 수레 한쪽에 천을 덧대 덮개를 설치했다. 덕분에 바닥에 사료나 이물질이 한 톨도 떨어지지 않는다. 사료조 구조도 개선하여 소가 편식하는것을 방지하고 있다.

머리를 조금만 쓰면 힘 안들이고 축사를 깨끗하게 유지할수가 있는것이다.

분뇨의 처리

축사의 냄새로 주변의 주민들에게 피해를 주지 않도록 우사를 설계하였다.

우리 농장은 내외부 통로에 가축의 분변이 전혀 보이지 않는데, 분뇨가 우사 밖으로 흘러나오지 않도록 하고, 우사안이 수분으로 질척이지 않도록 하고있다.

우사를 지을 때 통로와 우사의 바닥 높이를 달리한것이다. 우사 내부의 높이를 10cm가량 낮춘 것인데 이렇게 하면 우사 내부의 분변이 우사 밖으로 흘러나오지 않는다.

우분의 외부유출 차단막

또 우사천정의 창을 좌우로 열리도록 설계해 햇볕이 우사 내부 전체로 골고루들어오도록 설비한것도, 우사 바닥 습기가 잘 말라 냄새를 저감해 주고 있다. 또한 정수시설도 설치하여 오염수를 정화시켜 배출하고 있다.

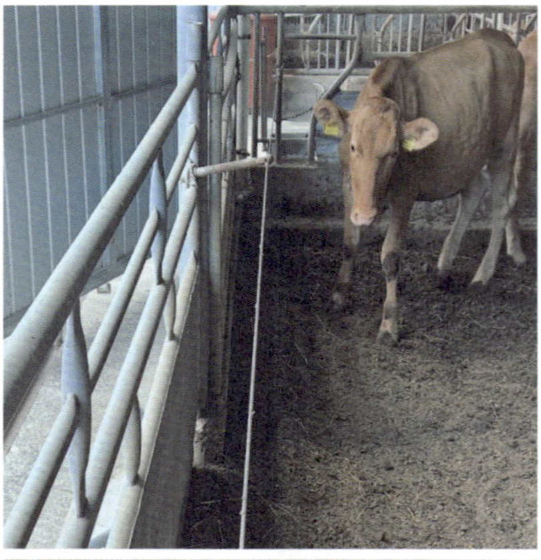

소가 바깥쪽 칸막이에 접근하지 못하고 이격해서 용변을 볼수 있도록 설치한 와이어 줄로서, 소의 분뇨가 외부로 유출되는것을 방지하는 역할을 한다.

더불어 분뇨 배출상황에 따라 변형할수 있는 칸막이 시설을 만들어 외부로 분뇨가 유출되는것을 방지함으로서, 하천이나 들의 오염을 방지하고 논, 밭, 강 주변의 자연 생물이 살아나도록 노력하고 있다.

이렇게 노력을 기울인 결과, 2024년 4월에는 제6회 '청정축산 환경대상(대통령표창장)'을 수상하였다.

농식품부, 환경부등 정부부처와 전문가들로 구성된 엄격한 심의를 통해, 축사환경관리와 냄새저감, 분뇨관리, 동물복지, 사회공헌도등에 있어서 모범을 보여준, 가장 우수한 축산농가로 선정이 된것이다.

'청정축산 환경대상'은 축산농가의 사회적 책임이 커짐에 따라 분뇨, 냄새, 환경과 지역상생등의 노력이 커져야 지속가능한 축산이 가능하다는 점에서 큰 의미를 갖는 행사이다.

제6장

소의
질병예방과 치료

제6장 소의 질병예방과 치료

곰팡이에 대하여

곰팡이의 성장환경

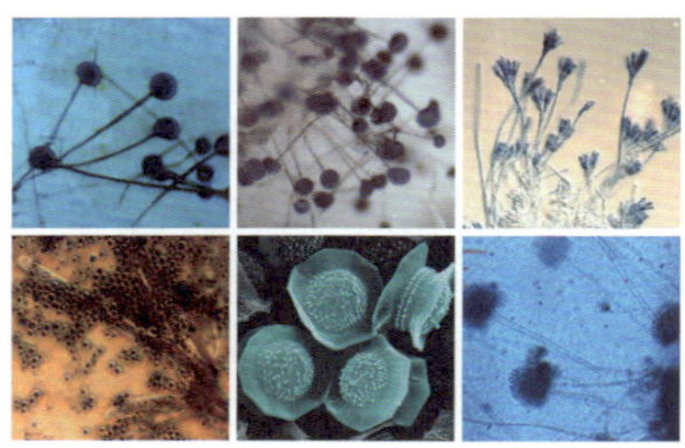

곰팡이는 특정기온과 습도 조건에서 잘 자라고, 특히 기온이 25~30℃, 상대 습도가 60~80% 이상시, 장마철에 성장이 활발해 지는데 그 결과 곰팡이 독소가 생성되게 된다.

곰팡이 독소는 곰팡이의 대사과정에서 생성되는 2차 대사의 산물이다. 곰팡이는 탄수화물을 선호하는게 특징인데, 이에따라 곰팡이 독소는 곡류나 과일 등 탄수화물이 풍부한 식품에서 주로 발생하게된다.

따라서 농후 사료등 소의 사료원료 중에는 탄수화물이 많이 함유된 옥수수가 필히 들어가기 때문에 각별히 유의하여야 한다.

곰팡이 독소의 종류

1) 아플라톡신(Aflatoxin) : 발암물질

2) 오크라톡신(Ochratoxin) : 신장과 간에 영향

3) 제랄레논(zeralenone) : 인체호르몬의 불균형 유발

4) 푸모나신(Fumonisun) : 급성폐렴, 호흡기 질환 유발

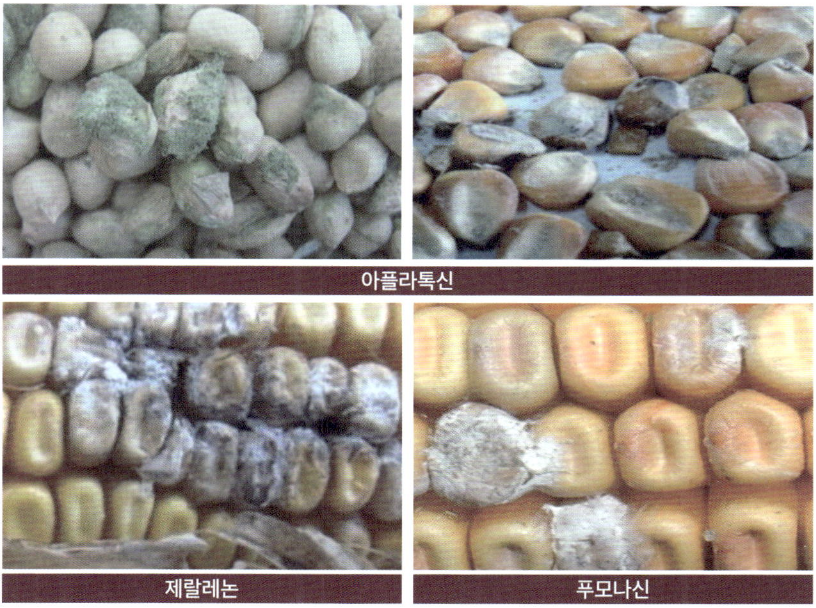

곰팡이 독소에는 여러종류가 있는데 이중 아플라톡신은 가축의 농후사료나 조사료에 주로 발생하는 곰팡이 독소로 강력한 발암물질이며 소가 섭취시 극심한 설사, 신장(콩팥)손상, 면역력 저하 등 만성질환을 유발하게되고, 이독소는 열에 강하기 때문에 열을 가해도 사멸되지 않고 눈에 보이지도 않는다.

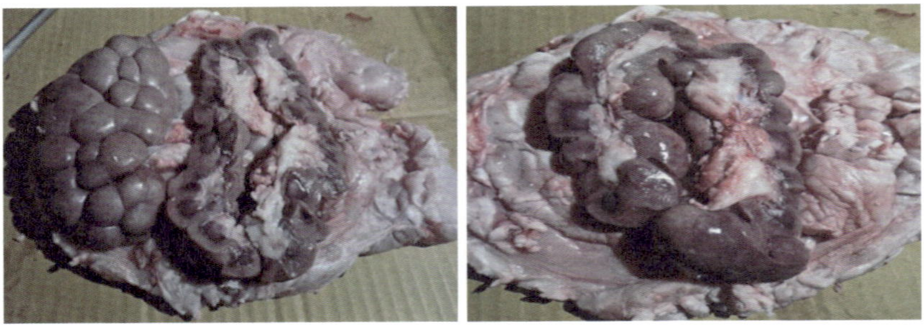

곰팡이 독소를 소가 섭취하게 되면 다음과 같은 부작용이 발생하게된다.

1) 비육우의 증상

가) 사료의 기호성이 떨어지고 설사를 심하게 하고 냄새도 심하다

나) 신장에 이상에 생겨 소변 배뇨시 거품이 많이 생긴다.

다) 우분 배설시 소변처럼 완전 물총쏘듯이 나온다.

라) 우사바닥이 빨리 질어짐에 따라, 잦은 교체를 해야한다.

마) 동작이 느려지고 점차적으로 체중이 줄면서, 도축을 해도 좋지 않은 성적이 나온다.

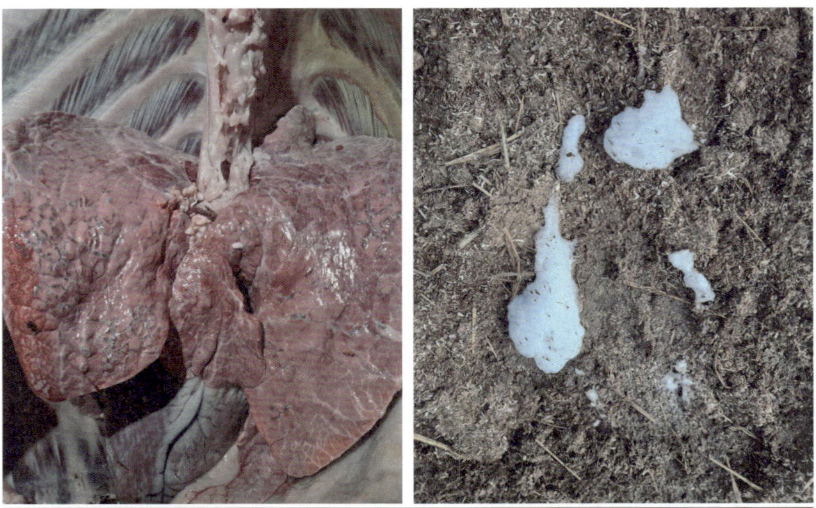

곰팡이를 섭취한 소의 허파와, 거품오줌(신장이상)>

2) 번식우의 증상

소의 영양과 생리대사에 악영향을 주므로

가) 기호성감소(사료 섭취율이 떨어진다)

나) 면역력 저하 : 소가 마르고 털이 거칠어진다.

다) 소화기 질병이 발생하고 신장에 문제가 생긴다.

라) 번식 장애가 온다

곰팡이 독소를 소가 섭취하게되면 뇌하수체를 교란시켜 생리조절이 안되기 때문에, 특히 발정이 주기적으로 오지 않고 수시로 오게되며, 수정이 되었음에도 발정이 오게된다.

또한 설사는 물론이고 심하면 유산, 사산, 기립불능 등의 문제가 발생하게 된다.

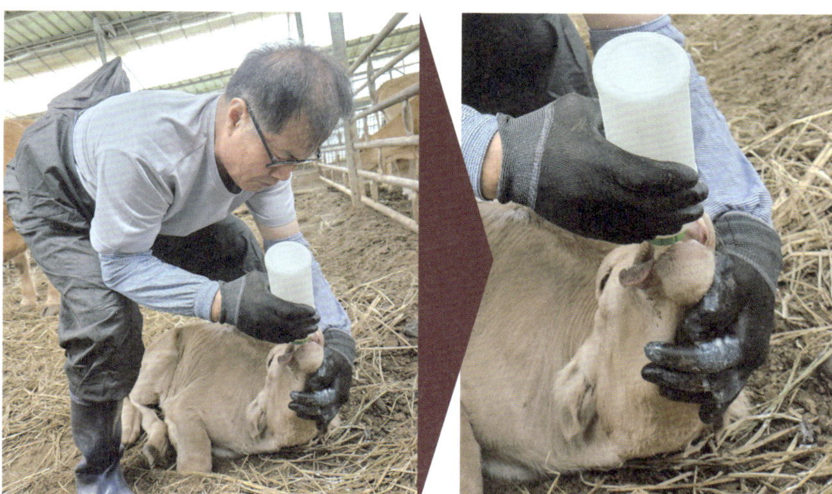

아플라 톡신 독소가 소의 뇌하수체를 교란시켜서, 사료를 뻘거나 삼키지 못하고 반대로 밖으로 흘려버리는 모습

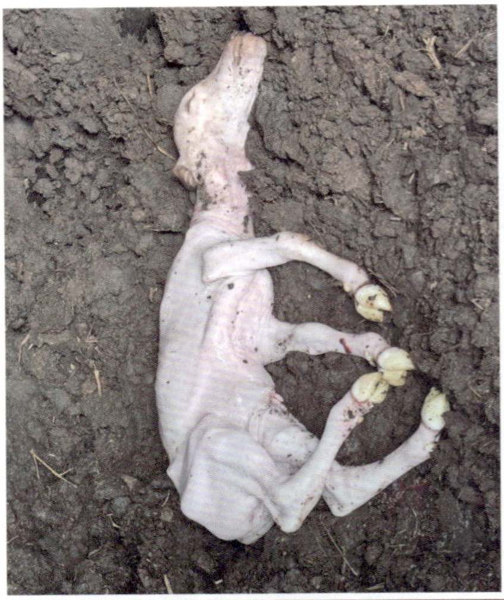

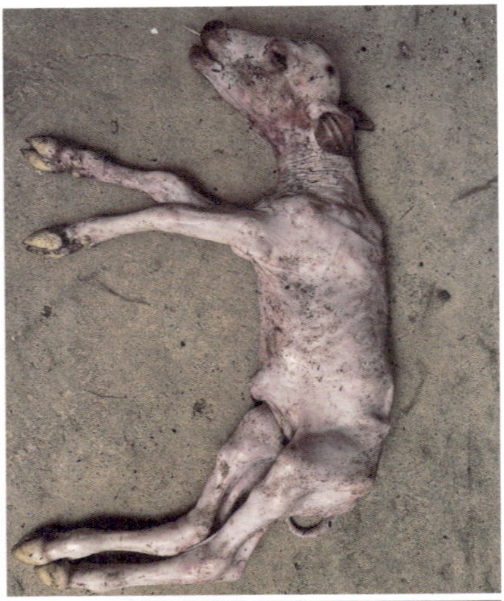

유산된 송아지

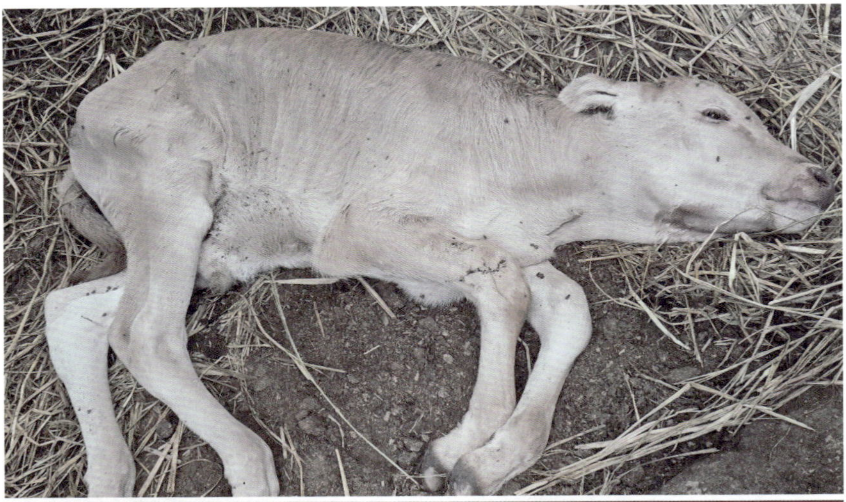

기립불능 송아지

이에 대한 예방대책은 다음과 같다.

사료조를 청결하게 관리해야하며, 특히 여름철에 각별한 주의를 요한다. 수분이 있는 조사료는 햇빛에 건조하여 먹이고 최대한 신선한 원료를 구입하여 급여해야한다.

지저분한 급수조

특히 비육우에게는 많은 사료를 급여함에 따라 빠른 시간에 먹지 못하고 쉬엄쉬엄 먹기 때문에, 시멘트 구유보다는 스텐인리스로 설치한 구유가 좋다. 농후사료 보관은 그늘지고 통풍이 잘 되는곳에 보관한다. 조사료도 사전에 철저히 점검하여 곰팡이가 피지 않은 것으로 급여해야한다.

곰팡이가 핀 사료에 대한 조치

곰팡이가 피었다고해서 값비싼 농후사료나 조사료를 그냥 버리기에는 아깝기 때문에, 만약 곰팡이가 발생한 원료가 있다면 곰팡이 독소 제거제나 흡착제를 적정량 사용해서 낭패를 방지해야 하겠다.

조사료(볏짚)에 발생한 곰팡이

곰팡이 독소 흡착제

곰팡이 독소 흡작제에는 여러가지 종류가 있는데 가공된 제품은 가격이 만만치 않다. 그래서 제오라이트(곰팡이흡착제)를 사용하는것이 바람직하다.

가공된 제품은 kg당 수천원씩 하는데 비하여, 제오라이트는 kg당 300원 미만으로 저렴하면서도 잘만 사용하면 그 효과도 뛰어난데, 이러한 제오라이트는 얼마만큼의 적정량을 사용하느냐가 매우 중요하다.

1) 곰팡이에 대한 우리농장의 경험사례

우리농장에서는 TMF사료를 제조해 한우를 사육하고 있는데 그중에도 옥수수가 들어간다.

한번은 값이 저렴한 옥수수가 있다고 하여, 여름철에 13톤을 벌크로 받아 창고 바닥에 놓아두었는데 곰팡이가 피기 시작했다.

버리기가 아까워서 발효기속에서 다른 원료와 혼합해서 소에게 급여했더니, 거의 모든 소가 설사를 했다. 축사 바닥은 물구덩이가 되었고 악취도 매우 심하게 발생하였다.

그래서 바쁜와중에서도 큰 솥을 구입하여 사료를 팔팔 끓여 먹였는데도 불구하고, 설사는 멈추지 않았고, 사료 섭취율은 점점 떨어지고 소들이 형편없이 마르기 시작하였다.

사료를 물에 끓일 경우 곰팡이 균은 사멸되지만 아플라톡신 독소는 열에 강하기 때문에 끓였음에도 불구하고 사멸되지 않았기 때문이다.

그래서 다음부터는 제오라이트를 사용하여 곰팡이 독소를 제거해오고 있다.

아플라톡신

2) 제오라이트를 사용에 대한 우리농장의 연구, 실험 결과

곰팡이 흡착제인 제오라이트(ZEO Latte)는 알루미늄 산화물과 규산 산화물의 결합으로 생겨난 음이온이, 알카리 금속 및 알카리 토금속과 결합되어 있는 광물이다.

그 성분은 규산(Sio2) 66.2% , 알루미늄(Al2O3) 11.5%, 칼륨(K20) 4.3%, 칼슘(Ca) 2.1%, 철(Fe) 1.67%, 마그네슘(Mg) 0.16%, 나트륨(Na) 1.04%로 구성되어있다.

이러한 제오라이트는 번식우에게는 0.2%이하, 비육우에게는 0.4%이하를 사용하여야하며, 반드시 적정량을 준수하여야 낭패를 보지 않는다.

① 번식우=> 0.2% 미만(예, 사료 1톤당=> 2kg미만)

② 비육우=> 0.4% 미만(예, 사료 1톤당=> 4kg미만)

3) 제오라이트를 과다 사용했을 경우 나타나는 부작용

번식우에게 과다 급여시는 발목이 기형인 송아지가 태어날 수 있다. 제오라이트를 과다 급여시에는, 아까바네병(소의 발이 안으로 굽는 기형)과 반대로 소의 발이 밖으로 굽는 기형이 나타나게 되는데, 개인적인 견해로는 제오라이트는 여러 종류의 미네랄 성분이 많이 함유되어 있는데, 그 중에서도 다량으로 포함된 알미늄 산화물(11.5%)때문이 아닌가 하는 생각이 든다.

이러한 송아지는 성장하면서 점차 몸무게 때문에 일어나지 못하고 폐사하는 결과가 오게된다.

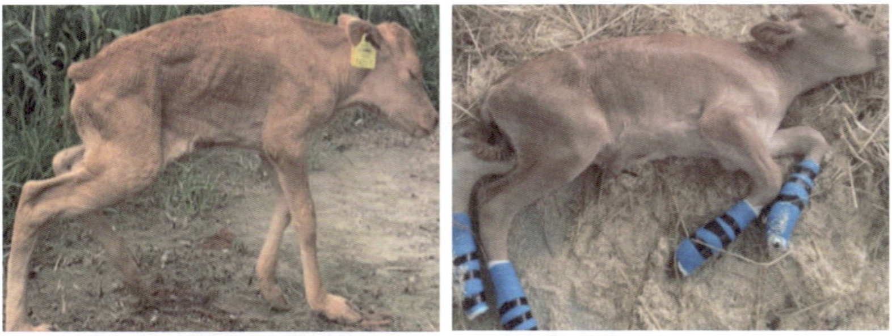

제오라이트를 과량급여시, 소의 발목이 밖으로 구부러지기 때문에
반드시 정량을 급여해야한다.

참고로 소가 임신중에 모기에 물리게 되면, 아까바네병에 걸려서 소의 발이 안으로 굽는 장애가 발생하는것이다.

저의 경우에는 전문적인 지식은 많이 부족하지만 이러한 시행착오를 겪으면서 연구, 실험을 통해 축적된 많은 노하우를 한우농가들에게 전수해

주고 있다.

이상발효(썩은볏짚 급여시)

썩은볏짚 급여로 설사 및 장염이 발생시에는 두가지의 치료방법이 있는데, 첫번째는 중조 30g(오전), 스티무렉스 30g(오후), 네오구민 10cc를 주사해준다.

두번째 치료방법은 곰팡이 독소제거제인 안티톡스푸러스를 사료 1톤당/500g을 혼합하여 급여해준다.

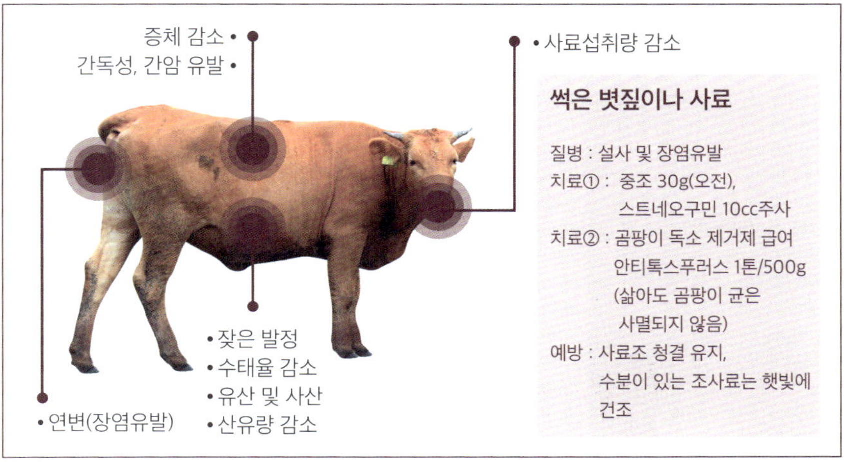

이상발효를 예방하기 위해서는 사료조를 청결하게 관리해야하며, 특히 여름철에 각별한 주의를 요한다. 수분이 있는 조사료는 햇빛에 건조하여 먹이고 최대한 신선한 원료를 구입하여 급여해야한다.

버 짐

영양 및 건강 상태가 불량한 송아지에게 발병하는 소 버짐은, 진균 또는 사상균에 의해 발병되며 치료하지 않아도 치유는 될 수 있지만, 다른 소에게 전염되므로 신속히 치료해야 한다.

소 버짐은 소의 정상적인 발육을 저해하고, 외관상 보기에도 좋지 않으며, 소의 건강 상태를 악화시킬 수 있음은 물론, 사람에게까지 전염되므로 부스러기나 딱지 등에 접촉되지 않도록 주의하고 일광욕과 더불어 충분한 영양분을 공급해주어야한다.

송아지를 구입할때는, 면밀하게 살펴서 버짐이 없는 것을 구입함이 중요하다.

버짐의 예방및 치료방법으로, 우선 송아지를 입식시에는 BOMECTIN을 3cc 피하 주사한다. 버짐이 발병시에는 BOMECTIN 을 5cc 피하주사하며

버짐이 심할 때는 영양제와 함께 주사하고, 포르말린을 희석살포(0.3~0.4%)한다.

백신접종은 생후15일에 제각할때 1cc를 접종하고, 식용유를 사료조 위에 달아준다.

* 버짐예방 백신(트리코밴) 1~2cc를 접종하여 예방
* 버짐 발생시 치료: 이유기때와 육성기때 백신(트리코밴) 4~5cc를 접종하여 증체 및 성장지연을 사전 예방버짐예방 백신(트리코밴) 1~2cc를 접종하여 예방
* 버짐 발생시 치료: 이유기때와 육성기때 백신(트리코밴) 4~5cc를 접종하여 증체 및 성장지연을 사전 예방

설 사

우리농장에서는 바이러스성 설사를 예방하기 위하여, 어미소는 분만 6•4주전에 총 2회에 걸쳐 로코백신이나 대로코 백신을 엉덩이에 접종하고, 송아지는 생후 10일 이전에 접종을 해준다.

생후 1개월 전후 혈변(피똥)예방을 위해서는, 송아지 생후 15일과 30일에 각각 콕시졸 15ml을 먹여준다.

또한 송아지를 분만하면 일주일동안 어미소에게 농후, 배합사료 적게 급여하고 조사료 위주로 급여를 하는데, 그 이유는 농후사료를 과다섭취시 단백질 지방이 높아져서 송아지가 소화를 못 시키고, 면역력이 저하되어 설사를 유발하기 때문이다.

송아지가 우분을 먹고 설사 시에는, 대장균에 의해 발생하기 때문에 항생제를 사용하고, 탈수가 심함에도 불구하고 수의사에 의한 치료가 어려울때는, 임시처방으로 이온음료(게토레이, 포카리스웨트 등)를 미지근하게 데워 300~400ml를 3시간마다 경구 투입한다.

그 후에는 찹쌀을 갈아 죽을 끓여 300ml씩 3~4시간 간격으로 먹이고 기력이 회복되면 식염수 9%를 혈관주사하며, 이때 식염수에 카토살 10cc, 영양제, 비타민제등을 투입하면 효과적이다.

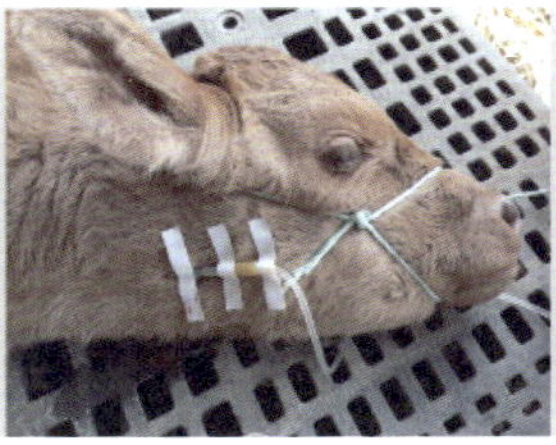

더불어 미생물을 이용하면 쉬운 치료가 가능하다.

순수 불활성 효모제인 플래보스업 효모제(조단백질 18%, 펩신소화율 76%,조회분 8.7% 이하) 150ml와 물150ml를 혼합 후 경구투입한다.

분만 20일 전: 플라버스업효모 | 분만 20일 후 : 유산균과 효모

요즘은 우리 농장에서는 분만 전 어미 소나 송아지에게 설사 예방 백신을 별도로 접종하지 않는 대신, 송아지가 태어나면 호흡기 질병백신과 철분제, 비타민A.D.E 주사를 놓고 면역력 증강제를 급여한다.

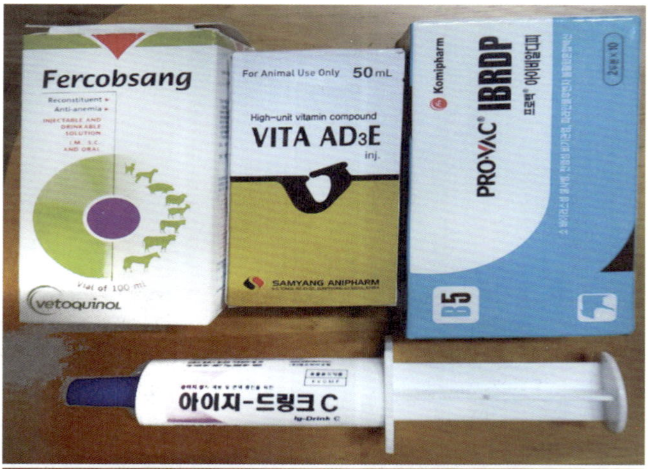

철분제 영양제 호흡기 백신

요석증

소의 신장에 문제가 생겼을 경우에는

1) 소변에 흰 거품이 많이 생긴다.
이는 신장기능의 약화로 소변이 빨리 배출됨에 따라 공기가 섞이게 되고, 허파(폐)에도 동시에 문제가 생기게된다.
그리고 단백질이 소변으로 빠져 나가면서 거품이 생기게된다.

2) 소변의 악취가 심하다.

3) 식욕이 부진하며, 물을 충분히 먹지 않는다.

4) 소가 점점 쇠약해진다.

5) CP와 TDN과의 관계
1:4~5의 비율이 효과적이며, 만약 조단백질의 함량이 높으면 어린송아지에게도 요석이 발생한다.

요석증은 방광속과 요로에 발생하는데, 요석증의 원인은 인이 많은 강피류를 급여시에 발생하게된다. (특히, 미강: 1.65%, 임자박: 1.37%)

이를 예방하기 위해서는 사료를 제조할때 인 성분이 적은 원료를 사용하고, 육성기 이후에는 염화암모늄(식품첨가용)을 월 4회, 1일 두당 20g씩을 급여하고 키톤을 1일 1회 경구투입하며, 사료 배합시 칼슘2대 인1의 비율로 배합하여 급여한다.

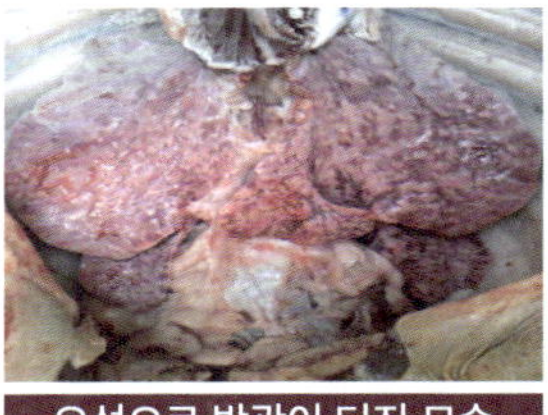
요석으로 방광이 터진 모습

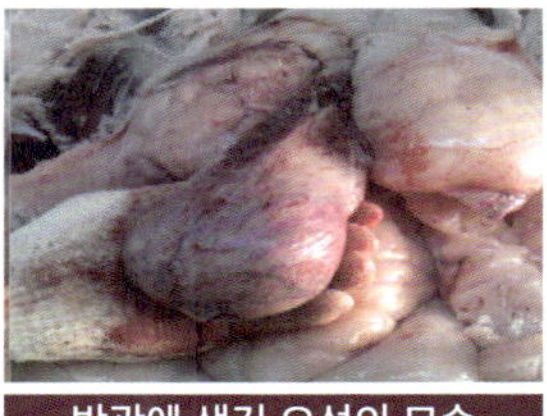
방광에 생긴 요석의 모습

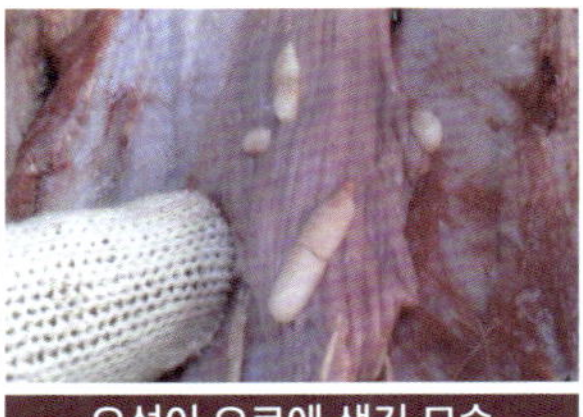
요석이 요로에 생긴 모습

비육우가 비타민A 결핍시 나타나는 증상

비타민A는 생후 비육전기때(생후13~17개월까지)가 중요한데, 상피세포의 분화를 촉진(세포벽 활성화)시키고, 지방분해를 억제하게 된다.

비타민A가 결핍하지 않았을 경우에는 증체는 있지만 육질성적이 나쁘게되고, 너무 일찍 결핍하는 경우 증체가 적은 소가 많게 되며, 늦게 결핍하는 경우 성적의 불안정이 특징이다.

비육우가 비타민A 결핍시 나타나는 주요 증상은 다음과 같다.

상피세포의 각질화현상으로 입과, 눈 등의 점막이 퇴화되고 면역기능이 저하되어 질병 감염에 민감해지며, 식욕부진에 따른 사료섭취량 및 증체 저하로 지육 중량이 감소한다.

또한 과도한 눈물,각막염,야맹증등을 앓게되고 심하면 실명이 되며, 관절 및 흉부에 부종, 근염, 수종증이 생기고, 연변과 설사증상이 발생한다.

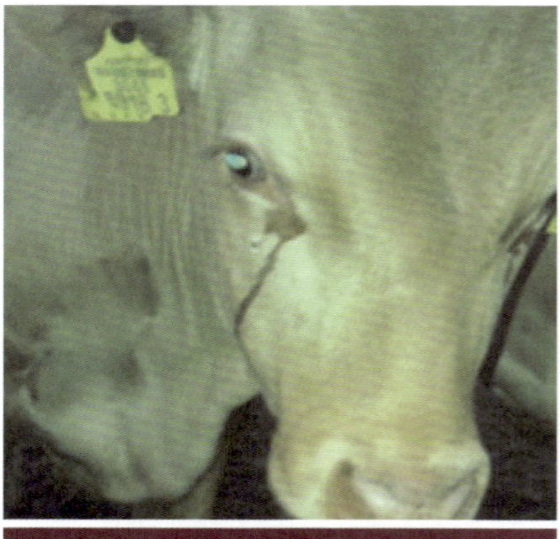

비타민A 결핍된 소

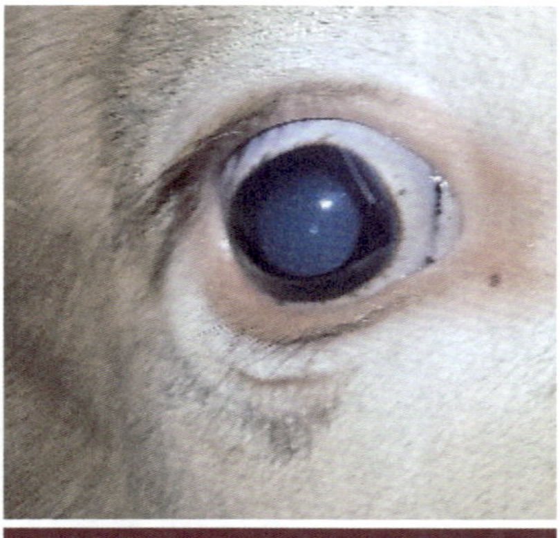

야맹증에 걸린 소는 수정체가 타원형이 아닌 원형이 된다

수 종

소에서 발생하는 수종(浮腫, edema)은 조직 내에 체액이 비정상적으로 축적되어 부종이 나타나는 상태이다. 이는 단독 질병이라기보다는 다양한 원인 질환에 의해 유발되는 증상으로, 소의 건강 상태를 평가하는 데 있어 중요한 지표가 된다.

수종의 발생 원인은 매우 다양하다. 가장 대표적인 원인 중 하나는 심장 기능의 저하이다. 심부전이 발생하면 혈액 순환이 원활하지 않게 되어 말초 조직에 혈액이 정체되고, 이로 인해 혈관 내 수분이 조직으로 빠져나가 부종이 생긴다. 또한 간 기능 이상도 수종의 주요 원인이다. 간은 혈장 단백질인 알부민을 생성하는데, 간 기능이 저하되면 알부민 생성이 감소하고, 그 결과 혈관 내 삼투압이 낮아져 수분이 조직으로 이동하게 된다.

신장 질환 역시 수종을 유발할 수 있다. 특히 단백뇨가 발생하면 혈중 단백질 농도가 감소하고, 이로 인해 혈관 내 삼투압이 떨어져 조직 내 수분 축적이 일어난다. 기생충 감염도 수종의 원인이 될 수 있는데, 간흡충이나 폐흡충 같은 기생충은 간이나 폐에 손상을 주어 염증 반응과 함께 수종을 유발한다. 이 외에도 단백질 결핍과 같은 영양 부족 상태는 혈장 삼투압을 저하시켜 수종을 일으킬 수 있으며, 외부 자극이나 감염으로 인한 염증 반응은 혈관의 투과성을 증가시켜 국소적인 수종을 유발한다.

소에서 수종이 나타날 경우, 주로 하복부, 유방, 다리 부위 등 중력의 영향을 받는 부위에 부종이 발생한다. 이러한 부종은 피부를 눌렀을 때 움푹

들어가는 함요성 부종의 형태로 나타나며, 기력 저하, 식욕 감소, 우유 생산량 감소 등의 증상을 동반할 수 있다. 특히 흉수나 복수가 심할 경우에는 호흡 곤란이 발생하기도 한다.

수종의 진단은 임상적인 관찰과 함께 다양한 검사를 통해 이루어진다. 부종의 위치와 형태, 압박 반응 등을 확인하는 것이 기본이며, 혈액 검사를 통해 알부민 수치와 간·신장 기능을 평가한다. 초음파 검사를 통해 복수나 흉수의 존재 여부를 확인할 수 있으며, 기생충 감염이 의심되는 경우에는 관련 검사를 통해 원인을 규명한다.

치료는 수종을 유발한 원인 질환에 따라 달라진다. 심장, 간, 신장 질환이 원인일 경우 해당 질환에 대한 치료가 우선적으로 이루어져야 하며, 기생충 감염이 원인이라면 구충제를 통한 치료가 필요하다. 심한 부종이 있을 경우에는 이뇨제를 사용하여 체내 수분을 배출시키는 방법이 사용되며, 염증성 원인일 경우에는 항생제나 항염증제를 투여한다. 또한 단백질 및 미네랄 보충을 통해 영양 상태를 개선하는 것도 중요하다.

수종은 단순한 부종이 아니라 내부 장기의 기능 이상을 반영하는 중요한 증상으로 간주되어야 하며, 조기에 원인을 파악하고 적절한 치료를 시행하는 것이 소의 건강을 유지하는 데 필수적이다. 수종은 브루셀라병, 요네병, 아까바네병 등 다양한 질병과 연관되어 나타날 수 있으므로, 관련 질환에 대한 이해와 예방도 함께 고려되어야 한다.

호흡기 질병 예방 등

호흡기 질병 및 폐렴 예방을 위해서는 이표 부착시(15~30일 사이), 호흡기질환 예방 백신(IBRDP) 5cc를 근육 주사한다.

이유시에도 구충제, 비타민제, 호흡기 예방 백신을 접종하여 폐렴을 예방한다.

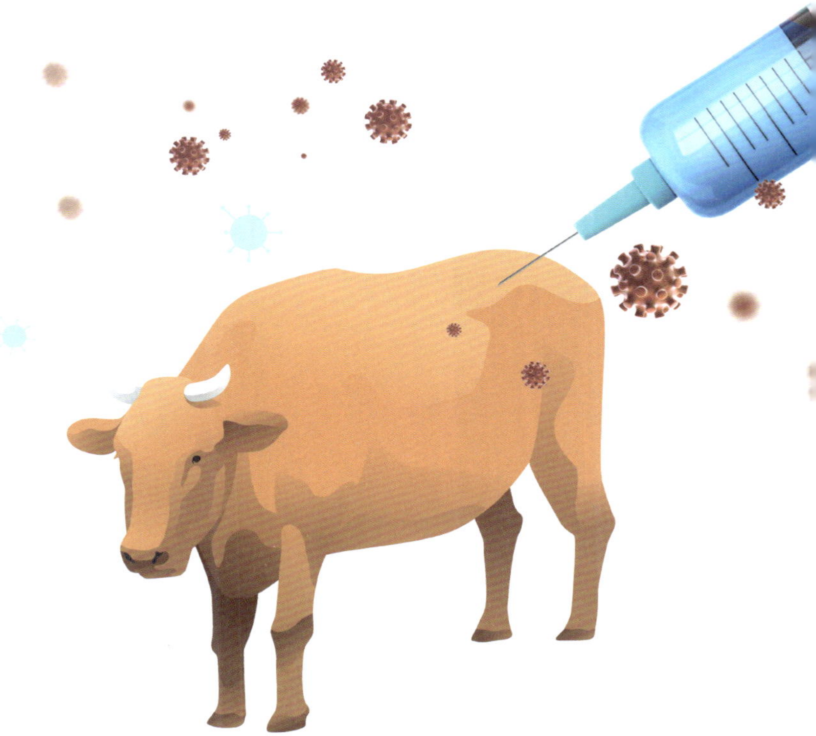

제7장

한우산업발전 및 지역사회 기여

제7장 한우산업발전 및 지역사회 기여

저는 지금까지 약 30여년의 세월을 한우개발및 사육을 위해서 달려오다가, 이제는 사회를 위한 봉사에 좀더 많은 노력을 기울여야겠다는 생각으로, 200두 사육이 가능한 농장을 2021년 150두를 기점으로 사육두수를 점차적으로 줄여가고 있다.

지식나눔과 후진 양성을 위한 노력

저는 농장을 운영하면서도 한우 품질개선을 위해 고급육 생산기술및 영양관리와 축사 환경개선방법등을 현장에 보급하고 있다.

한우사양관리기술에 대한 지식 나눔을 실천하여, 전국의 축산기관, 농협, 학교 등에서 한우사양관리에 대한 강의를 시행중이다. 부산대학교 밀양캠퍼스의 최고 농업경영자과정, 횡성 한우사관학교, 전국 한우 작목반, 개량 동우회 등을 대상으로 30여년간 쌓아온 기술과 지식을 아낌없이 전수하고 있으며, 유투브 동영상 강의등 미디어 매체 및 책자등을 통한 지식 나눔도 실천하고 있다.

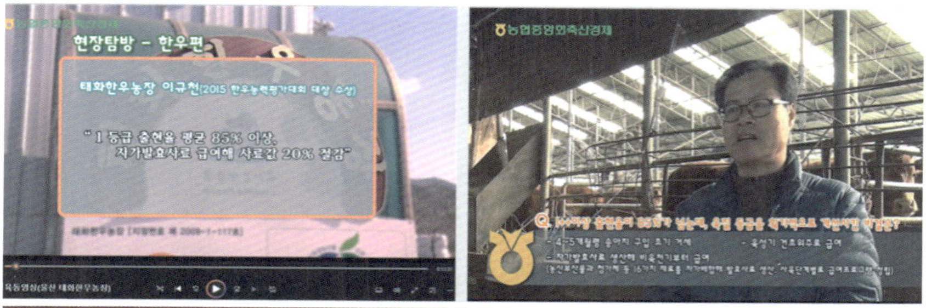

무료 동영상 노하우 강의

체계적인 기술전수를 위한 현장견학 확대및 실습형 교육장 건립

또한 제가 운영하는 ‘태화한우농장’을 축산인의 실습 및 견학지로 개방하여, 한우 생산자 단체 및 일반인들을 대상으로 연간 수십회의 견학 기회를 제공하고 있다.

더불어 전국에 한우사육을 준비하는 사람들, 특히 축산 전공학생, 청년 창업농은 물론, 비 축산인에 대한 교육에 전념하기 위해 교육장을 건립도 추진하고 있다.

현장 교육관 조감도

각 지역별로 농장을 선정, 축산 기술을 전수

현재 충북음성, 충남공주, 울산, 횡성지역의 농장을 선정하여 기술을 전수중이며, 이러한 기술전수의 결과 담양에 있는 한 농장의 경우, '2018년도 축산물품질평가대상 우수상'을 수상하기도 하였다.

강의 및 현장교육

지역사회에 기여하는 농장 운영

퇴비를 자원으로 전환하여, 자연과 도시를 연결하는 역할도 수행하고 있다.

냄새가 없는 고품질의 퇴비로 생산하여, 양로원에 기부하고 아파트등 도시 텃밭에 사용토록하는등, 시민단체의 요청 등으로 '선물 같은 퇴비'를 제공함으로써, 도시민-농민-자연을 연결하여 서로에게 도움이 되도록 돌려주는 구조를 구축해나가고 있다.

이웃을 위한 봉사

저는 어릴 때 참으로 어렵게 성장했음에 따라, 힘들게 살아가는 이웃들의 어려움을 누구보다도 잘 이해하고 있다. 그러다 보니 치료비가 없어서 병원치료를 받지 못하거나 생활고를 겪고 있는 사람들을 그냥 지나칠 수 없게된다.

불치병을 앓고 있는 사람들에 대해 치료비를 도와 주기도 하고, 고아원이나 양로원을 찾아서 틈틈히 봉사활동을 하고 소고기 나누기도 실천하고 있다.

제8장

한우산업의 발전방향

제8장 한우산업의 발전방향

한우산업의 현주소

현재 우리의 한우산업은 축산업에서 매우 중요한 위치를 차지하고 있음에도 불구하고, 여러 구조적·환경적·시장적 문제에 직면해 있다고 볼수 있다. 이 문제들은 단순히 일시적인 어려움이 아니라 한우산업 전반에 걸쳐 지속성과 경쟁력을 위협하는 요인임에 따라, 체계적인 대응이 필요한 상황이다.

우선 소고기의 수입확대는 국내 한우 산업 전반에 상당한 충격을 주고 있으며, 이로 인해 한우 산업은 위기에 직면해있는 현실이다.

한우 산업은 수입 소고기의 대규모 유입과 국내 생산량 증가라는 이중 압박 속에서 어려운 시간을 보내고 있는데, 농가의 적자 폭이 크게 확대되면서 경영 기반이 흔들리고 있는것이다.

소비자들은 상대적으로 가격이 저렴하고 품질도 뒷받침되는 수입산 소고기를 선택함에 따라, 한우 소비량의 위축으로 이어지고 있다.

수급 불균형 역시 심각한 문제로 대두되고 있다. 한우 사육 두수는 증가세를 보이이고 있음에도, 소비가 공급을 따라가지 못하면서 가격 하락 압력은 지속되고 있고, 이는 농가의 수익성 악화로 이어지고 있다.

더불어 한우사육 농가의 고령화와 누적된 적자 구조는 소규모 한우 농가의 폐업을 가속화시키고 있다. 이는 한우의 생산 기반 약화로 이어졌고, 장기적으로 국내 축산업의 지속 가능성을 위협하는 요소가 되었다.

이처럼 우리의 한우 산업은 다중적인 위기 속에서 구조적 개편과 정책적 보완이 시급한 시점이다. 한우 농가들은 경영의 지속 가능성과 산업의 존속을 위해 근본적인 해결책 마련을 요구하고 있으며, 이는 단순한 경제 논리를 넘어 식량 안보와 지역사회 유지 측면에서도 중요한 과제가 되고 있다.

또한 생산비의 지속적인 상승과 수익성의 악화는 농가의 부담을 가중시키고 있다. 국제 곡물가 상승과 에너지 비용 증가로 인해 사료비는 물론 인건비, 전기요금 및 퇴비 처리비 등의 상승은 농가의 부담을 더욱 가중시키고 있다.

이를 상쇄하기 위해 비육 기간을 늘리는 농가가 많아지고 있다. 그러나 일정 수준 이상의 비육 기간은 고급육 등급 출현율 증가에 한계를 보이며, 오히려 사료비 낭비와 생산성 저하를 초래하고 있다. 1++등급 출현율이 정체되면서 농가의 기대 수익도 함께 감소하는 추세이다.

한우산업의 기반인 유전자원 보호 및 유전적 개량 체계또한 미흡한 상황이다. 토종 한우의 유전자원 보호가 체계적으로 이루어지지 않고 있으며, 유전적 다양성을 확보하기 위한 정책이나 기술적 기반이 부족하다. 개량 방향 설정에서도 소비자 수요나 시장 변화에 대한 분석이 충분하지 않아, 산업의 미래를 위한 전략 수립에 어려움이 있다.

제도적 측면에서도 여러 정책적 한계가 존재한다. 예를 들어 송아지생산 안정사업과 같은 기존 제도는 제 기능을 다하지 못하고 있으며, 수급조절 협의회도 실질적인 조절 기능보다는 자문 역할에 머물러 있다. 더불어 대규모 자본의 축산업 진입이 활발해지고 있으나, 이를 적절히 통제하거나 조율할 수 있는 법적·행정적 장치가 미비하다.

또한 환경 규제와 방역 기준 강화는 신규 농가의 진입 장벽을 높이며 전체 산업 생태계에 압박을 가하고 있는 실정이다.

환경 및 지속 가능성 측면에서도 문제는 심각하다. 축산업에서 발생하는 탄소배출을 줄이기 위한 전략이 부족하며, 경축순환 농업과 같은 순환형 시스템이 충분히 정착되지 않고 있다. 기후변화에 따른 고온 스트레스나 사료 작물 재배 환경 변화에도 적절히 대응하지 못하고 있어, 장기적인 산업 지속 가능성을 위협하고 있다.

결과적으로, 한우산업은 복합적이고 상호 연계된 문제들에 직면해 있으며, 이를 해결하기 위해서는 단순한 지원이나 일시적 조치가 아닌, 구조적인 개편과 통합적인 전략이 필요하다. 생산성 향상뿐만 아니라 환경 보호, 소비자 신뢰 확보, 유전자원 보존, 정책 연계 등 다양한 측면에서 균형 있는 접근이 시급한 실정인 것이다.

한우산업 발전을 위한, 축산 선진국의 실태 고찰

한우산업의 발전을 위해 벤치마킹할 수 있는 주요 국가는 미국, 호주,네델란드, 덴마크, 뉴질랜드, 일본등이 있으며, 이러한 나라들은 독특한 전략과 정책을 통해 경쟁력을 확보하고 있음에 따라, 한우산업에도 시사점이 많다고 본다.

이에따라 축산선진국들의 육우산업과 한우산업을 비교하여, 한우 산업 발전을 위한 방향을 살펴보기로한다.

미국의 육우산업

한국의 한우산업은 고유 품종을 기반으로 고급육 생산에 집중하고 있으며, 전통성과 품질 면에서 강점을 가지고 있다. 반면 미국은 대규모 산업화, 유전자 기반 품종 관리, 효율적인 사육 시스템, 소비자 중심의 마케팅 등에서 선진적인 구조를 갖추고 있어 한우 산업이 참고할 만한 요소가 많다고 할수 있다.

품종 관리 및 유전자 인증측면에서 보면, 한국의 한우산업은 순수 혈통 보존을 중시하며, 외래 품종과의 교잡 없이 고유 유전자원을 유지하고 있다. 유전자 기반 인증 시스템은 아직 도입 초기 단계이며, 개체식별제 중심으로 운영되고 있습니다.

미국 육우산업은 Wagyu 등 고급 품종에 대해 유전자 혈통검사(PVP)를 통해 품질을 인증하고, 소비자에게 투명한 정보를 제공한다.

한우도 유전자 기반 혈통 인증제를 도입함으로서, 품질에 대한 신뢰도와 브랜드 가치를 높일 수가 있다.

사육 및 비육 기술면에서, 한국은 평균 출하월령이 30~32개월인데, 최근에는 1++등급 출현율을 높이기 위해 비육 기간을 늘리는 추세이다. 그러나 비육 기간 의 증가가 품질 향상으로 직결되지 않아 농가의 소득 감소 요인이 되고 있다.

미국은 과학적 데이터를 기반으로 24~30개월령 또는 500일 이상 장기 비육을 실시하면서 마블링 품질을 극대화하고 있다.

우리 한우도 비육 전략을 과학적으로 재설계하고, 장기 곡물 비육 기술을 도입해 생산비 절감과 품질 향상을 병행할 필요가 있다.

위생 및 이력 관리면에서, 한국은 소 이력제와 개체식별제를 통해 도축 이력과 유통 경로를 관리하고 있으나, 유전자 정보와의 연계는 미흡한 실정이다.

미국은 USDA 인증과 DNA 기반 이력 시스템을 통해 농장부터 소비자까지 투명하게 이를 관리한다.

우리도 한우 이력제에 유전자 정보를 연계하여 소비자의 신뢰를 강화하고, 고급육 시장에서 경쟁력을 확보하는것이 바람직할것으로 사료된다.

자조금 활용 및 소비자 마케팅측면에서 살펴보면, 한국은 한우자조금을 통해 홍보 활동을 진행하고 있으나, 콘텐츠의 다양성과 글로벌 마케팅은 아직 제한적인 실정이다.

미국은 자조금을 활용하여 요리법, 건강 정보, 브랜드 캠페인 등 소비자 중심의 콘텐츠를 적극적으로 운영하며 수출에 대한 마케팅도 활발하게 펼쳐나가고 있다.

우리도 한우 자조금의 활용 범위를 확대하고, 국내외 소비자를 대상으로한 콘텐츠 제작 및 수출 전략도 강화해 나가는것이 바람직하다.

가격 경쟁력 및 수입 대응면에서도, 우리의 한우는 고급육으로서 높은 가격대를 형성하고 있으나, 수입산 쇠고기와의 가격 경쟁에서 불리한 측면이 있다. 특히 미국산 와규의 국내 유입이 확대되면서 품질 경쟁이 심화되고 있는 실정이다.

미국산 고급육은 USDA 프라임 등급 이상으로 마블링 품질이 뛰어나며, 가격은 일반 쇠고기보다 2~5배 높지만 소비자 수요가 꾸준하다는점을 감안할때, 우리도 한우의 고유 풍미와 지방결을 강조한 차별화 마케팅 전략을 수립하고, 품질 인증 확대를 통해 프리미엄 시장을 공략해야 한다고 생각한다.

이러한 점들을 고려할때, 미국 육우산업의 선진 시스템은 한우 산업이 품질, 생산성, 소비자 신뢰, 글로벌 경쟁력 측면에서 도약할 수 있는 실질적인 벤치마킹 대상이라고 할수가 있겠다. 특히 유전자 기반 인증, 과학적 비육 전략, 소비자 중심의 마케팅은 한우 산업의 구조적 혁신을 이끌 수 있는 핵심 요소인것이다.

호주의 육우산업

호주는 세계적인 소고기 생산 및 수출국으로서, 효율적인 시스템 운영과 국제적인 시장 전략을 통해 높은 경쟁력을 확보하고 있다. 호주는 대규모 목장 운영과 ICT 기반 자동화 시스템을 활용하여 생산 효율성을 극대화하고 있다. 사육 과정 전반에 걸쳐 정밀한 관리가 가능하며, 이는 생산비 절감과 품질 유지라는 두 가지 목표를 동시에 달성하고 있는것이다.

한우산업 역시 ICT 기술을 활용한 스마트 축산 시스템을 도입하고, 정책적 지원을 통해 사육두수 확대 및 규모화를 추진할 필요가 있다.

또한, 호주의 축산업은 정부, 산업계, 학계 간의 협력을 통해 지속적인 품종 개량과 사료 효율 개선을 이루어내고 있다. 이러한 접근은 생산성과 품질을 동시에 높이는 데 중요한 역할을 하고 있는것이다.

우리의 한우산업도 한우 유전정보 데이터베이스를 구축하고, 맞춤형 사료 개발을 위한 공동 연구를 통해 과학적이고 지속 가능한 품종 개량을 추진할 필요가 있다.

수출 전략 측면에서도 호주는 매우 성공적인 모델을 보여주고있다. FTA를 적극 활용하여 관세 혜택을 극대화하고, 한국을 포함한 아시아 시장으로의 수출을 확대하고 있는것이다.

이에 우리의 한우산업도 고급화 전략과 브랜드화로 국제 시장에서의 차별화를 꾀하고, 부위별 맞춤 수출 전략을 통해 수출 품목 다양화 및 유통 채널 확보를 추진해야 할 것이다.

소비자 인식 및 마케팅 전략 또한 벤치마킹에 적합한 요소이다. 호주는 '청정 이미지'와 '안전한 먹거리'라는 브랜드 가치를 통해 소비자들의 신뢰를 얻고 있으며, 효과적인 홍보를 위해 다양한 채널을 활용하고 있다.

우리의 한우산업도 한우의 기원과 품질을 강조한 스토리텔링 방식의 마케팅을 강화하고, 지속 가능성과 ESG 기반 이미지를 함께 제시함으로써 소비자들의 요구에 부응할 수가 있을것으로 판단된다.

정책 및 제도적 기반 역시 중요한 고려 사항이다. 호주는 축산업 관련 법률과 지원 제도가 잘 정비되어 있어 산업의 안정성을 높이고 있다. 한우산업도 장기적인 수급 조절 체계와 수출보험, 리스크 관리 제도 등을 마련하고, 한우산업 전담 기관을 설립하여 전문적이고 체계적인 지원을 받을

수 있도록 하는것이 바람직하겠다.

네델란드의 육우산업

네덜란드는 국토 면적이 작음에도 불구하고 세계 2위의 농산물 수출국으로 자리매김한 농업 강국이며, 축산업에서도 첨단 기술과 조직화된 산업 구조, 효율적인 정책 운영을 바탕으로 높은 생산성과 경쟁력을 보여주고 있다. 이러한 네덜란드의 성공 전략은 한우산업에 다양한 시사점을 제공해준다.

우선, 네덜란드는 ICT 기반의 자동화 시스템과 정밀 사육 기술을 도입하여 생산 효율을 극대화하고 있다. 온실형 축산 시설, 센서를 활용한 개체별 건강 모니터링, 로봇 착유 시스템 등은 노동력 절감과 품질 향상에 직접적인 효과를 발휘하고 있다.

이러한 스마트 축산 기술은 질병 발생을 예방하고 개체별 데이터를 분석해 사육 관리를 최적화하는 데 유용하며, 한우산업에서도 자동 급이기, 온도·습도 센서, 행동 인식 카메라 등 첨단 기술을 도입함으로서, 사육 환경을 정밀하게 조절해나갈 필요가 있다.

또한 네덜란드는 종자산업과 유전자원 관리에 있어서 세계적인 경쟁력을 갖추고 있으며, 이는 축산업의 기반을 탄탄하게 만드는 역할을 한다. 유전형 분석과 맞춤형 번식 전략, R&D 투자 확대를 통해 유전적 개량을 추진함으로써 개체의 생산성과 내병성을 개선하고 있는것이다.

한우산업에서도 한우의 유전자원을 체계적으로 관리하고 활용할 수 있는 데이터베이스를 구축하여, 품종의 우수성을 계량화하고 장기적인 개량 전략을 마련하는 것이 중요하다고 생각한다.

산업 구조 측면에서도 네덜란드는 '푸드밸리(Food Valley)'와 같은 농식품 클러스터를 통해 생산, 가공, 유통, 연구 기관이 유기적으로 연결되어 있다. 이는 기술의 상용화와 산학연 협력을 통한 문제 해결을 가능하게 한다.

우리의 한우산업도 지역별로 클러스터를 조성하여, 사육, 가공, 유통을 통합적으로 운영할 수 있는 시스템을 갖추고 생산자 조직화를 통해 규모의 경제를 실현해야 할 것이다.

가공산업을 통한 부가가치 창출 역시 네덜란드의 주요 전략 중 하나이다. 단순히 원육을 생산하는 것에서 나아가 다양한 가공식품을 개발하여 수출 경쟁력을 높이고 있으며, 국제적인 식품 중개무역까지 확장하고 있는것이다.

한우산업 역시 부산물을 활용한 고급 육가공품의 개발, 부위별 제품 특화, 프리미엄 브랜드 구축을 통해 국내 소비자뿐 아니라 해외 시장에서도 경쟁력을 강화할 수가 있을것으로 사료된다.

더불어서 네덜란드는 시장 중심의 정책 운영과 함께 농업 교육 및 기업가 정신 함양에도 집중하고 있다. 이는 지속 가능한 산업 생태계 형성에 중요한 기반이 된다. 정부의 지원은 보호주의보다는 개방적 경쟁 환경 속에서 산업 자체의 경쟁력을 높이는 데 초점을 맞추고 있으며, 이는 교육기관과 협업하여 청년 농업인을 육성하고 새로운 농업 기술을 확산시키는 데에도 연결된다.

우리의 한우산업 역시 소비자 중심의 유통 전략을 개발하고, 축산교육 프로그램 확대 및 젊은 인재 유입을 통해 산업의 지속가능성과 혁신성을 동시에 추구할 수 가 있겠다.

네덜란드의 농축산업은 기술, 조직, 정책, 교육 등 다방면에서 벤치마킹 할 가치가 있는 모범 사례라 할수가 있다.

한우산업은 이러한 전략을 선택적으로 도입하고, 한국의 현실에 맞게 조정함으로써 생산 효율과 글로벌 경쟁력을 모두 갖춘 산업으로 도약할 수 있는 기반을 마련할 수가 있다 하겠다.

덴마크의 육우산업

덴마크는 지속가능성과 유기축산, 동물복지, 국제 수출 경쟁력 등 다양한 면에서 축산업의 혁신을 이끌어가고 있으며, 이러한 전략들은 한우산업에도 긍정적인 영향을 줄 수 있다고 생각한다.

먼저, 덴마크는 국가 차원에서 유기축산을 전략적으로 육성하고 있다. 경지면적의 상당 부분이 유기농 방식으로 운영되며, 유기농 식품이 전체 식품 시장에서 차지하는 비율도 매우 높다.

정부는 단체 급식에 유기식품을 도입하도록 장려하고, 유기전환을 희망하는 농가에 재정 지원과 기술 보급을 함께 제공하고 있다. 이처럼 유기축산에 대한 제도적 뒷받침은 소비자 인식 향상과 시장 확대에 기여하고 있습니다.

한우산업도 이러한 점을 참고하여 친환경 한우 인증제도 도입과 유기농 전환을 위한 지원 정책을 확대하고, 공공 급식에 한우 활용 비중을 높이는 방향으로 나아가는것이 바람직할것으로 생각이 된다.

또한 덴마크는 동물복지 기준을 매우 엄격하게 적용하는 국가로, 유기 축산물 인증에도 복지 기준이 필수적으로 포함된다. 넓은 사육 공간, 자연광 확보, 자유로운 운동이 가능한 환경 등은 단순히 윤리적인 이유를 넘어서 고품질 축산물 생산과 직결이 되는것이다.

소비자들도 이러한 요소를 중요하게 여기며, 동물복지 인증 제품에 대해 프리미엄 가격을 지불하는 경향이 있다.

따라서 한우산업에서도 복지형 사육환경을 구축하고, 동물복지 인증제도를 강화하여 브랜드 가치를 높이는 전략이 필요하다.

또한, 덴마크는 유기식품 수출에 있어 선도적인 제도 정비와 글로벌 협력을 통해 국제 시장 접근성을 높이고 있다. 한국과도 MOU를 체결하여 유기식품 관련 정보를 공유하고 인력 교류를 추진하고 있으며, 수출국의 식품 규제를 분석하여 관련 정보를 기업에 제공함으로써 수출 장벽을 효과적으로 낮추고 있는것이다.

한우산업도 유기한우 수출을 위한 국제 인증 기준을 정비하고, 해외 시장 진출을 위한 기업 대상 교육 및 마케팅 전략을 수립하는 것이 중요하다.

덴마크는 전문 인력 양성에도 힘을 쏟고 있다. 세미나, 워크숍, 기술 교류 등을 통해 유기축산 관련 지식과 기술을 지속적으로 발전시키며, 산학연 협력을 강화하고 있는것이다. 이는 산업의 지속적인 혁신과 경쟁력 제고에 큰 도움이 되게된다.

우리의 한우산업 역시 전문 인력을 육성하기 위한 교육기관의 설립, 커리큘럼 개발, 기술 교류 프로그램 운영 등 장기적 인프라 투자를 추진해야 할 시점이라고 할수 있겠다.

이처럼 덴마크의 사례는 생산기술, 정책, 인증제도, 교육 등 축산업 전반을 아우르는 종합적인 접근을 보여주고있다.

한우산업에서도 단기적인 생산량 확대뿐 아니라 소비자 신뢰 확보, 지속가능한 구조 마련, 국제 시장 진출이라는 장기 목표를 설정하여 덴마크의 전략을 선택적으로 도입해야 할 필요가 있다고 본다.

뉴질랜드의 육우산업

뉴질랜드는 청정 자연환경과 지속가능한 방목 중심의 축산 시스템, 국제적 품질 관리, 디지털 이력관리, 탄소중립 정책 등 다양한 분야에서 세계적인 경쟁력을 갖춘 축산 선진국으로 평가받고 있으며, 이는 한우산업이 미래 지향적으로 나아가는 데 좋은 참고 모델이 될수있다.

먼저, 뉴질랜드의 축산업은 친환경 방목 사육을 중심으로 운영이 된다. 대부분의 소들은 넓은 초지에서 자유롭게 사육되며, 항생제나 성장촉진제의 사용을 최소화한다. 이러한 사육 방식은 동물복지와 환경보호를 동시에 실현하며, 국제 소비자들로부터 '청정 이미지'를 인정받는 핵심 요인이 되는것이다.

한우산업도 초지 기반의 방목형 사육을 점진적으로 확대하고, 친환경 인증제도 및 건강관리 시스템을 강화함으로써 소비자의 신뢰를 확보해나가는 것이 중요하다.

또한 뉴질랜드는 국제 소고기 수출 시장에서 뛰어난 품질 관리 역량을 바탕으로 안정적인 수출 경쟁력을 구축하였다. 위생 기준이 엄격하게 적

용되며, 미국·중국·일본 등 주요 시장에 맞춘 부위별 맞춤형 제품을 개발하여 공급하고 있는것이다.

한우산업도 수출 경쟁력을 높이기 위해 부위별 특화 제품 개발, 맞춤 포장 전략, 국제 위생 기준에 부합하는 생산·가공 시스템 구축이 필요하며, 각 수출 대상국의 소비자 트렌드와 수요에 기반한 마케팅 전략 수립이 중요하다고 할수 있다.

뉴질랜드의 디지털화된 축산업 운영도 벤치마킹할 만한 요소이다. 뉴질랜드는 NAIT(National Animal Identification and Tracing)라는 개체별 이력관리 시스템을 통해 소의 생산부터 유통까지 전 과정을 투명하게 관리한다.

이 시스템은 소비자의 신뢰를 높이는 동시에 질병 예방과 생산 효율성 향상에 기여하고있다.

한우산업 역시 개체별 이력관리 시스템을 고도화하고, 생산자 대상 디지털 경영 교육 및 실시간 데이터 기반의 질병 예측 시스템을 구축함으로써 경쟁력을 높일 수가 있다고 본다.

지속가능성과 탄소중립에 대한 전략도 뉴질랜드는 매우 앞서 나가고 있다다. 메탄 배출을 줄이기 위한 사료 개발, 탄소배출권 거래제도 등 환경과 산업의 균형을 맞추는 정책이 활발히 추진되고 있는것이다.

이는 국제 시장에서 '지속가능한 축산물'로 브랜드 가치를 강화하는 데 핵심적인 요소가 된다.

한우산업도 ESG 기반의 경영전략 수립, 메탄 저감 사료 개발을 위한 R&D 투자, 탄소 배출 관리 시스템 도입 등을 통해 환경 문제에 대응하면서 지속가능성을 확보해야 한다.

더불어서 뉴질랜드는 농가 간 협동조합을 통해 생산, 가공, 유통의 통합적 운영 시스템을 구축하고 있다. 이는 규모의 경제 실현과 농가의 협상력 강화에 긍정적인 영향을 주게된다.

한우산업에서도 지역 기반 생산자 협동조합을 활성화하고, 공동 브랜드 개발 및 공동 마케팅을 통해 산업 전반의 경쟁력을 높일 수 있겠다.

뉴질랜드의 축산업은 기술적 측면뿐 아니라 정책, 조직, 환경, 소비자 신뢰 등 축산업의 전 과정에서 벤치마킹할 수 있는 요소들을 두루 갖추고 있다.

한우산업은 이러한 전략을 선택적으로 도입하고, 국내의 상황과 산업 구조에 맞게 조정함으로써 지속가능한 성장과 글로벌 경쟁력을 동시에 확보할 수 있겠다.

일본의 육우산업

일본의 화우 산업은 오랜 기간에 걸쳐 고품질 쇠고기 생산을 목표로 체계적인 품종 관리와 유통 구조를 구축해왔다. 그중에서도 가장 두드러진 부분은 유전자 정보를 기반으로 한 품종 개량 시스템이다.

일본은 전국 화우등록협회를 통해 개체별 유전자 정보를 철저히 관리하고 있으며, 이를 토대로 고급육 생산을 극대화하고 있다. 이는 한우 산업에도 적용 가능한 부분으로, 보다 정밀한 개량을 통해 품질 향상을 도모할 수 있겠다.

또한 생산, 도축, 유통의 전 과정이 통합된 시스템 역시 주목할 만하다. 일본의 도쿄식육시장 같은 공공 도축장은 위생관리와 품질관리가 철저하며, 소비자에게 이력추적을 통해 투명한 정보를 제공해준다. 이는 소비자의 신뢰를 형성하는 데 중요한 역할을 하며, 한우역시 도축 및 유통 전 과정에서 이력정보 제공과 품질 통제를 강화할 필요가 있는것이다.

수출 전략 역시 한우 산업에 시사하는 바가 크다고 할수 있겠다. 일본은 중앙축산회를 통해 화우의 수출을 적극적으로 지원하며, 수출업체에 물류비와 가격보전 보조금을 제공하여 수출 경쟁력을 높이고 있습니다. 우리 한우도 정부 차원의 수출 인프라 구축과 지원은 해외시장 진출에 중요한 기반이 될 수 있다고 본다.

아울러 일본은 농가 지원 시스템에서도 차별화된 접근을 보이고 있다. 전문 컨설턴트들이 각 농가를 정기적으로 방문하여 기술적·경영적 조언을 제공하고 있으며, 이를 통해 농가의 자립성과 운영 효율성을 높이고 있는 것이다.

이러한 시스템이 한국의 한우 농가에 도입될 경우 생산성과 경영 안정에 긍정적인 영향을 줄 수가 있다고 본다.

기술 측면에서도 일본은 스마트 농업을 빠르게 확산시키고 있다. 자동화된 급이 시스템, 무인 농업 기계, 환경 센서를 이용한 축사 관리 등은 노동력 부족 문제를 해소하면서도 생산성을 높이는 핵심 기술로 자리잡고 있다.

한우 산업도 이러한 첨단 기술을 적극적으로 수용할 필요가 있겠다.

가격 안정과 수급관리 정책도 눈여겨볼 부분입니다. 일본은 채소 등 주요 농산물에 대해 가격안정제도를 운영하며, 생산자의 소득을 일정 수준으로 유지시켜주는 안전망을 마련하고 있다. 우리의 한우시장에도 이러한 제도가 적용될 수 있다면 시장의 급격한 변동에 대한 대응력을 높일 수 있을 것이다.

이처럼 일본의 사례는 품질 경쟁력, 생산 효율화, 수출 전략, 농가 지원, 스마트 농업, 정책적 안정성 등 다양한 측면에서 한우 산업이 발전할 수 있는 방향성을 제시해 주고 있다고 본다.

우리의 한우산업 발전을 위한 제안

지금까지 한우산업의 당면한 문제점과 축산 선진국들의 육우산업에 대한 고찰을 통해, 한우산업의 발전 방향을 진단해 보았다. 한우는 단순한 축산물이 아니라 대한민국의 식문화와 농업 정체성을 상징하는 매우 소중한 자산이다. 하지만 최근 몇 년간 가격 불안정, 생산비 상승, 농가 폐업

등 여러 도전에 직면하면서 지속가능한 발전 전략이 절실해진 상황이다.

다음은 한우산업의 발전을 위해 추가적으로 수입소고기와의 경쟁력 강화, 한우산업의 과학화, 환경문제대응, 정부와 지자체의 역할면에서의 발전방향을 살펴 보도록한다.

수입소고기에 대한 경쟁력 강화

최근 한우산업은 밀려들어오는 수입소고기로 인해 자급률 하락 등 어려움을 겪고 있다. 가격경쟁력에서 한계가 있는 한우농가는 수입소고기와의 경쟁에서 살아남기 위해 차별화 전략의 일환으로 고급육을 생산하기 위해 노력하고 있다.

한우산업이 수입 소고기와의 경쟁에서 이기기 위해서는 가격경쟁력뿐 아니라 품질, 안전성, 브랜드 가치, 소비자 감성, 정책 지원 등 다양한 영역에서 차별화된 전략을 펼쳐야 한다. 단순히 값비싼 고기로 인식되던 한우는 이제 소비자들에게 “왜 더 비싼가”에 대한 이유를 명확히 전달해야 할 필요가 있으며, 이를 통해 프리미엄 시장에서의 확고한 위상을 구축해야 한다.

우선 품질 중심의 고급화 전략이 핵심이다. 한우는 근내지방의 균일한 분포와 풍부한 육즙, 뛰어난 맛으로 세계적으로도 경쟁력이 높은 육류로 평가받는다. 이러한 고급육의 비율을 더욱 높이기 위해서는 유전자 기반의 과학적 개량이 필요하다. 근내지방, 사료효율, 육량 등 경제형질을 유전체 분석을 통해 선별하고, 드라이에이징 등 숙성기술을 접목하여 미식 시장에 걸맞은 고품질 고기를 생산하는 것이 중요하다고 할수있다.

두번째는 소비자 중심의 브랜드 및 감성 전략이다. 지역마다 난립한 한우 브랜드를 통합하고, 국가 차원의 브랜드 체계를 구축함으로써 소비자의 인식을 일관되게 끌고 갈 필요가 있다.

단순히 제품이 아닌 "대한민국의 자부심"으로서의 한우를 포지셔닝하고, '농가의 정성과 기술, '우리 땅에서 키운 건강한 소'와 같은 스토리텔링을 통해 감성적 연결을 강화해야 한다. 또한 한우 체험농장, 요리 클래스, 품평회 등 소비자 참여형 콘텐츠를 통해 직접 체험하는 기회를 제공하면 충성도 높은 소비자층을 형성할 수가 있다고 생각한다.

세번째는 생산비 절감을 통한 가격 경쟁력 확보이다. 수입육과 비교했을 때 높은 가격은 불리할 수 있지만, ICT 기반의 스마트 사양관리를 통해 개체별 사료 급여량을 최적화하면 생산비를 효과적으로 절감할 수가 있겠다. 출하월령을 과도하게 늘리는 관행도 개선하여, 품질과 비용 사이의 최적 균형점을 찾아내야 한다.

네번째로는 안전성과 윤리성 강조 전략이다. 광우병 등으로 소비자 불안을 야기했던 수입육에 비해, 한우는 엄격한 검역 시스템과 이력 추적 시스템을 갖추고 있다. 이를 소비자에게 명확하게 알리고, 동물복지 인증이나 친환경 인증을 확대할때 윤리적 소비를 추구하는 고객층에게 효과적으로 어필할 수가 있다. 더불어 탄소중립 전략이나 경축순환 농업과 같은 환경 친화적 축산 모델을 접목시켜 지속가능한 산업이라는 이미지를 강화하는 것도 중요하다고 본다.

다섯번째는 정책적 지원 및 유통 구조 개선이다. 미국산 소고기 무관세 수입 등과 같은 외부 변수에 대응하기 위해서는 국내산 육류 보호 관세, 원산지 표시 강화, 유통 구조 개선 등이 병행되어야 한다. 특히 도매시장 중심의 유통 방식에서 벗어나 직거래, 온라인 판매 등 다양한 유통 채널을 확대함으로써 농가의 수익성을 높이고 소비자의 접근성을 높일 수가 있다.

더불어서 소비자의 인식 개선과 홍보를 통한 수요 창출이다. 한우의 영양학적 우수성, 예를 들어 단백질, 철분, 오메가-3 등 영양소 함량을 과학적으로 분석하여 홍보하고, TV, SNS, 유튜브 등 다양한 미디어를 통해 꾸준히 한우의 가치와 차별성을 전달해야 한다. 특히 학교나 기관을 대상으로 한 교육 프로그램을 통해 미래 소비자층의 긍정적 인식을 형성하면 장기적인 수요 기반을 구축할 수 있을것으로 사료된다.

한우산업의 경쟁력은 단순히 가격이 아니라 가치 중심의 전략, 즉 품질, 신뢰, 감성, 윤리, 정책이 결합된 통합적 접근에서 비롯된다. 이를 통해 한우는 소비자에게 '비싼 고기'가 아닌 '가치 있는 선택'으로 인식될 수 있으며, 수입육과의 경쟁에서 우위를 점할 수 있다고 하겠다.

한우산업의 과학화

한우산업의 지속 가능하고 경쟁력 있는 발전을 위해서는 과학화를 기반으로 한 전략적 접근이 필수적이다. 기존의 전통적인 축산 방식에서 벗어나, 유전학·사양관리·스마트 기술·복지·정책 연계 등 다양한 분야를 정밀하게 개선함으로써 생산성과 품질을 동시에 향상시킬 수 있는것이다.

가장 먼저 고려해야 할 부분은 유전개량이다. 기존에는 단일 유전자에 의존하여 씨수소를 선발했다면, 현재는 다양한 경제형질, 예를 들어 근내지방률, 사료효율, 육량등을 반영하여 더욱 과학적이고 정밀한 방식의 선발이 요구된다.

이를 위해 차세대 염기서열 분석(NGS)과 같은 첨단 기술이 활용되고 있으며, 이 기술을 통해 개체의 유전자 정보를 상세히 분석함으로써 우수 형질을 갖춘 개체를 선별할 수가 있겠다.

또한, 계통축군을 운영하여 유전적 다양성을 확보하고, 농가를 대상으로 유전체 기반의 맞춤형 개량 서비스를 제공하는 것도 중요한 과제이다.

스마트 축산 기술의 도입 역시 한우산업 과학화의 핵심요소이다. ICT와 AI 기반의 시스템을 통해 개체별 건강상태, 행동패턴, 번식률, 성장률 등을 실시간으로 모니터링할 수 있으며, 이러한 데이터를 분석하여 의사결정을 정밀하게 내릴 수가 있다. 이는 단순한 자동화 수준을 넘어, 데이터 기반의 축산 운영을 가능하게 해주며, 생산성을 극대화하는 데 매우 효과적이다. 정부 차원의 초기 투자 지원과 농가 대상 교육이 함께 병행된다면 더욱 빠른 확산과 정착이 가능할것으로 생각된다.

동물복지 및 행동학 기반의 생산성 향상도 눈여겨볼 필요가 있다. 동물복지는 단지 윤리적인 측면을 넘어, 생산성과 직접적으로 연결되는 요소이다. 예를 들어 송아지의 설사나 스트레스 상태의 행동 관찰을 통해 조기에 파악하고 관리함으로써 질병을 예방하고 성장률을 높일 수 있으며, 육질 향상에도 긍정적인 영향을 미치게 되는것이다.

한우산업의 과학화는 단순한 기술 도입을 넘어, 각 분야가 유기적으로 연결되어야만 실질적인 성과를 만들어낼 수 있다. 이를 통해 품질, 생산성, 경쟁력, 지속 가능성을 모두 만족시키는 미래형 축산업으로 발전할수가 있는것이다.

마케팅

한우산업의 마케팅 전략을 효과적으로 발전시키기 위해서는 디지털화된 시대 흐름에 맞춰 한우의 품질과 브랜드 가치를 소비자에게 효과적으로 전달하는 것이 핵심이라고 할수가 있다.

우선, 디지털 마케팅을 강화하는 것이 중요하다고본다. 인스타그램, 유튜브같은 플랫폼을 활용하여 한우의 생산 과정, 품질, 요리법 등을 친근한 콘텐츠로 소개함으로써 소비자와의 접점을 확대할 수가 있다.

특히 젊은 세대를 타겟으로 감성적인 스토리텔링을 통해 한우에 대한 관심을 끌어내는 것이 효과적이며, 브랜드의 이미지 또한 긍정적으로 형성이 될수있다고 본다. 동시에, 온라인 판매 플랫폼을 개선하고 리뷰 시스템이나 빠른 배송 서비스 등을 구축함으로써 소비자 만족도를 더욱 높일 수 있을것이다.

둘째, 지속가능성과 ESG(Environmental, Social, Governance) 요소를 마케팅에 적극 반영하는 전략이 필요하다. 탄소 배출을 저감하는 친환경 사육 방식, 지역사회와의 협업 등을 통해 윤리적 소비를 중시하는 현대 소비자들의 요구에 부합할 수 있다. 이러한 친환경적 요소는 마케팅 콘텐츠로 풀어내기에 매우 유용하며, 브랜드 신뢰도를 향상시키는 데도 기여하게될것이다.

셋째, 소비자와의 감성적 연결을 강화하는 것도 중요하다. 한우 생산자들의 이야기나 가족과 함께한 한우 요리의 추억 등 감성을 자극하는 콘텐츠를 적극 활용할 필요가 있다. 한우 목장 방문 프로그램, 온라인 요리 대회, 실시간 라이브 커머스 등을 통해 소비자의 직접적인 참여를 유도하고, 시식 행사 등을 통해 실제 경험을 제공함으로써 구매력을 향상시킬수 있으리라고 본다.

넷째, 데이터 기반의 마케팅 전략도 중요하다고 본다. 소비자의 구매 행동 분석을 통해 어떤 연령대가 어떤 부위를 선호하는지, 가격대별 판매 추이를 파악하고 이를 마케팅 전략에 반영함으로써 보다 정교하고 효율적인 마케팅을 전개할 수가 있겠다. 이를 통해 개인화된 제품 추천이나 맞춤형 쿠폰 제공 등이 가능해져 소비자 만족도를 한층 끌어올릴 수 있는것이다.

더불어, 글로벌 마케팅에 대한 시도도 중요하다 하겠다. K-푸드 트렌드를 활용하여 한류 콘텐츠와 연계한 한우 홍보를 시도할 수 있으며, 영어, 중국어, 일본어 등 다양한 언어로 콘텐츠를 제작해 해외 소비자들과의 소통을 강화해야 한다. 해외시장에서는 한우의 고급 이미지와 희소성을 강조하는 것이 효과적이며, 현지의 미식 문화와 연결시켜 다양한 마케팅 시도를 할 수 있겠다.

한우산업의 마케팅 발전은 단순한 제품 홍보를 넘어 소비자와의 정서적 연결, 사회적 책임감, 글로벌 시장 대응까지를 포괄하는 통합 전략이 필요하다. 더불어서 특정 타겟층이나 플랫폼에 맞춘 세부 전략도 함께 설계한다면 더욱 정교하고 경쟁력 있는 마케팅으로 이어질 수가 있으리라고 본다.

친환경 축산

한우산업의 지속 가능한 발전을 위해서는 환경 분야의 개선이 필수요소라고 할 수가 있다. 축산업은 본질적으로 많은 양의 온실가스를 배출하고, 분뇨와 악취 등의 환경 문제를 동반하기 때문에, 이를 해결하지 않고서는 산업 전반의 안정적인 존속이 어려워질 수가 있는것이다.

이를 위해서는 '환경 데이터 기반의 스마트 축산 관리 시스템'을 도입하는 것이 필요하다. 온도, 습도, 분뇨 상태, 냄새 농도 등을 실시간으로 모니터링할 수 있는 센서를 설치하고, AI 기반의 사양관리 조절 시스템을 통해 환경 변화에 신속히 대응함으로써 생산성과 환경 보호를 동시에 달성할 수 있다고 본다.

더불어서, 법·제도 개선 및 정책 연계가 필수적이다. 현재의 가축분뇨법, 악취방지법 등 개별 환경 관련 법률을 통합 관리할 수 있는 제도적 틀을 마련하고, 지자체와 협력하여 경축순환 시스템을 구축하는 것이 필요하다. 지역 단위의 정책 지원이 병행될 때, 보다 효과적인 환경 개선이 이루어질 수 있다.

한우산업의 환경 분야 개선은 단순한 오염 저감에서 그치지 않고, 산업의 지속성 확보, 사회적 신뢰 회복, 자원 순환 시스템 정착 등 다양한 측면에서 발전을 이끌어내야 한다. 이를 위해 과학적 기술 도입과 정책적 뒷받침이 조화를 이루어야 하며, 환경과 조화로운 미래형 축산 모델 구축이 절실히 요구된다하겠다.

제9장

결 언

제9장 결 언

현재 축산농가의 경우 사료 값은 오르고 소 값은 떨어졌는데 소비까지 위축되면서 많은 농가가 힘들어하고 있는 상황에 직면해있다.

저는 이 어려운 시기를 맞이하여, 30여년 각고의 노력과정에서 축적한 노하우가 도움이 된다면 그 모두를 알려드리고 싶은 마음에서 이 책자를 내게 된것이다.

한우산업의 발전여부는 결국 '사람'이 가장 중요하다고 생각한다. 현재 축산농가의 고령화가 급격히 진행되면서 젊은 인재 유입이 절실한 상황인 것이다. 때문에 장차 대한민국의 한우 산업을 이끌어갈 청년창업농에 대해서도 많은 것을 알려주고 싶은 마음인것이다.

정부차원에서도, 청년 축산인을 위한 창업 지원, 교육 프로그램개발, 스마트 축산 장비 지원 등은 새로운 세대의 진입 장벽을 낮추고 축산업의 활력을 높이는 데 기여할 수 있다고 생각한다.

더불어서 이 위기를 극복하기 위해서는 '저비용 고효율'로 농장을 운영해 나가야 한다고 생각한다.

저는 30여년 소를 키워왔지만 키운다는 개념보다는, 소의 사육환경에 대한 연구와 실험의 과정이었다고 생각한다.

저의 한우 인생에서 가장 중요한 키워드는 '최고'이다. 실패에 좌절하지 않고 최고의 품질을 얻을 수 있도록 사료를 개발하고 소가 편안하게 생활할수 있는 환경을 구축하였으며, 악취저감방법등을 개발하였다.

앞으로도 저는 지금껏 쌓아온 경험과 지식을 바탕으로 지금보다 더 좋은 한우를 생산할 수 있도록 소에 대해 끊임없이 연구하고 발전시키며, 주변에 노하우를 전수해 나갈것이다.

부디, 이 보잘것없는 책자가 미래를 꿈꾸는 한우인들에게 조그마한 보탬이라도 되어주었으면 하는 바램이다.

감사합니다.

| 부 록 |

이규천 대표의 발자취

이 내용은 저의 업적을 자랑하기 위함이 아니고, 많은 분들에게 '저 이규천 같은 사람도 이같이 발전할수 있었기 때문에, 여러분들도 끊임없는 노력을 기울인다면은 가로막는 장벽을 뛰어넘어 최고의 한우를 만들수 있다'는 Vision을 심어드리기 위한것입니다.

- **2003년** 11월 소 사료 제조 특허 및 상표 등록
- **2009년** 07월 HACCP 및 친환경인증획득
- **2009년** 12월 등급 판정 결과 우수농가 수상
- **2011년** 11월 등급 판정 결과 우수농가 수상
- **2015년** 11월 전국한우능력평가대회 대통령상 수상
- **2016년** 11월 등급판정결과 우수농가 수상
- **2017년** 11월 전국축산물품질평가 우수상 수상
- **2018년** 10월 전국한우능력평가대회 농촌진흥청장상 수상
- **2018년** 11월 전국축산물품질평가대회 대통령상 수상
- **2019년** 07월 한국새농민회본상, 국무총리표창장 수상
- **2022년** 05월 한우개량 명인 지정(2022축산명인?)
- **2022년** 11월 대한민국 최고한우명인 선정
- **2023년** 12월 제 6회 청정축산환경대상 대통령상 수상
- **2025년** 07월 축사내 냄새 저감방법 특허 등록

이규천 대표의 수상력

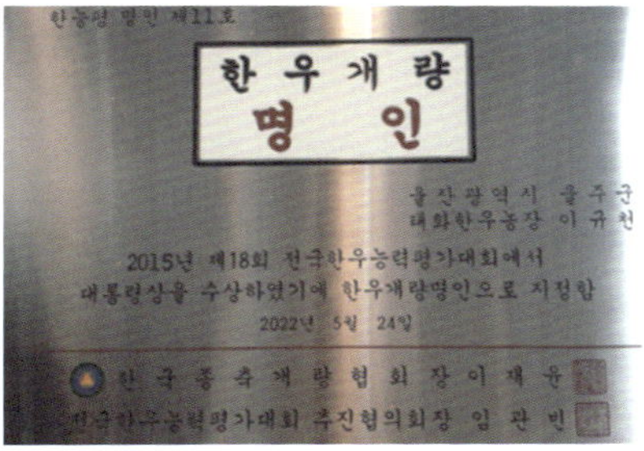

<2015년 한우개량명인 선정>

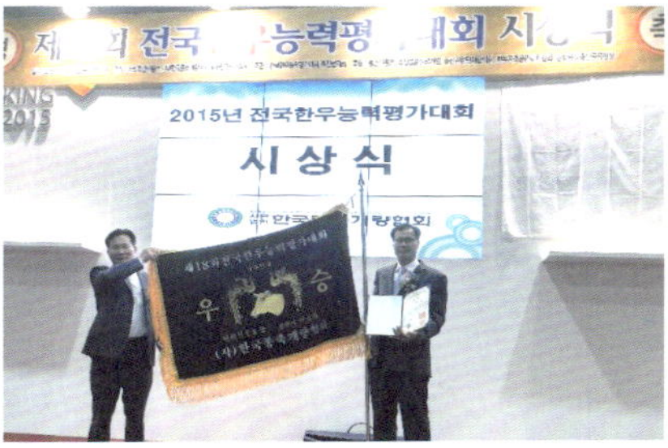

<2015년 한우능력 평가대회 대통령상 수상>

<2018년 전국축산물품질평가대회 대통령상 수상>

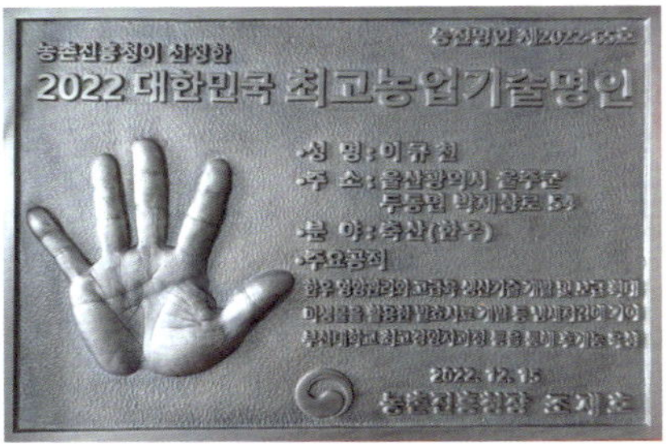

<2022년 대한민국 최고 농업기술 명인 선정>

명품 한우 만들기

발행일 | 2025년 10월 30일
지은이 | 이규천
이메일 | gyucheon59@naver.com

출판사 | 충주문화사
주소 | 서울시 중구 초동 42 아시아미디어타워 302호
전화 | 02-2277-7119
홈페이지 | www.cjpod.co.kr

ISBN 979-11-86714-67-6
가격 18,000원